Hans Lencker

Perspectiva

Hans Lencker

Perspectiva

ISBN/EAN: 9783743657724

Hergestellt in Europa, USA, Kanada, Australien, Japan

Cover: Foto ©berggeist007 / pixelio.de

Weitere Bücher finden Sie auf **www.hansebooks.com**

PERSPECTIVA

Hierinnen auffs kürtzte

beschrieben/ mit exempeln eröffnet vnd an
tag gegeben wird/ein newer besonder kurtzer/ doch gerechter vnnd
sehr leichter weg/wie allerley ding/es seyen Corpora/Gebew/oder
was möglich zuerdencken vnd in grund zulegen ist/ verruckt oder
vnuerruckt/ferner in die Perspectinf gebracht werden mag/ on einige vergebliche linie/riß vñ puncten/ꝛc. dergleichen weg bißhero noch
nie bekant gewesen/ Durch Hansen Lencker Burger
zu Nürmberg/allen liebhabern guter künsten
zu ehren vnd gefallen publicirt.

Mit Röm. Key. May. freiheit/ auff sechs jar.
Gedruckt zu Nürmberg/ durch Dietrich Gerlatz.

M. D. LXXI.

Dem Durchleuchtigsten Hoch-
gebornen Fürsten vnd Herrn / Herrn Friderichen
Pfaltzgrauen bey Rhein / des heyligen Römischen
Reichs Ertzeruchsessen vnd Churfürsten / Her-
tzogen in nidern vnd obern Bayern /
Meinem gnedigsten Herrn.

Vrchleuchtigster hoch
geborner Churfürst / Gnedigster
Herr / Ob wol das reiche vermögen
der angeschaffnen natur vnser ersten Eltern zu allem guten / durch den
leidigen fall derselben sehr abgenom-
men / vnd auffs höchste geschwechet worden ist / so ist
dannoch auß sondern gnaden Gottes / diser geschwech-
ten natur noch so vil liechts vnd erkentnuß / gutes vnd
böses zu vnterscheiden / oberblieben / das auch bey den
besten Heiden / welche aller ding end mit dem Todt be-
schlossen sein vermeinet / für die höchste seligkeit gehalten worden / wann ein Mensch nach seinem tode etwas hinter jme verließ / dabey sein die nachkommende
im besten zu gedencken hetten.

Vnd diser vrsach halben sind vil lob vnd gedechtnüß
wirdige sachen vnd exempel / von den Alten an vns ge-
langet / als da seyen / von etlichen vortreffliche vnd herr-
liche grosse thaten / von andern / löbliche vnnd ehrliche
hohe tugendt / vnd von vilen andern schöne / sinnreiche /
liebliche vnd nützliche künste.

Welches nun alles (ob das wol bey den Heiden
A ij   ver-

vergenglich gehalten / jedoch ehrlich **vnd gut gepriesen**
vnd mit allem fleiß gesuchet worden) Darumben bil-
licher bey den Christen / da alle gute gaben vnd tugent
von Gott herkommen / erkennet / vnd in rechter volkom-
menheit zu seinem ewigen lob bestendig geglaubet / vil-
feltigen lobs wirdig geachtet / vñ gerhümet werden sol.

Von wegen erzelter vrsachen / Jch auch nicht vn-
zeitig erwenen / vnd mit allen ehrn wider zu gedechtniß füren wöllen / den embsigen fleiß / durch welchen
weiland der Durchleuchtig vñ Hochgeborne Fürst vnd
Herr / Herr Johannes Pfaltzgraue bey Rhein / Hertzog
in Beyern / vnd Graue zu Sponheim / ꝛc. hochlöblicher
vnnd Christlicher gedechtniß / E. C. F. G. Herr Vatter
neben verrichtung Fürstlicher Regiments sachen / vilen schönen / nützlichen vnd löblichen künsten beygewo-
net / in welchen künsten die natur seiner F. G. vor allen
der zeit hohen Persoñ / auch vilen andern (die doch von
jugent auff mit geübt vnd herkommen) den vorzug vergönnet vnd zugetheilet hat.

Vnd also haben seine F. G. zu gutem vortrefflichen
vnd ehrnreichem exempel / ein herrlich vnnd schön Tur-
nir Buch / vnter jrer F. G. namen publice außgehen
lassen / die darinnen berürte hendel mit notwendiger
Circumstantia beschrieben / vnd alle Figurn / in sonder-
lichem verstand vnd nachgedencken / mit eignen henden
selbs darein gerissen.

Vnd neben dem / allen künstlern zu lieb vnnd gefallen / noch ein Buch von der Perspectief publicirt vnnd
an tag gegeben / alle Figurn auß dem grund / vnnd vermögen derselben kunst gleicher weiß **mit** eignen henden
darein verzeichnet.

Von

Von welcher kunst/ als mir Gott der auch ein kleines wissen vergönnet/ habe ich die S. F. G. zu hochlöb-
lichem vnd seligem widergedechtniß vnter E. C. F. G.
namen an tag geben/ vnd die E. C. F. G. zu ehren vnd
Genedigem wolgefallen/ in aller ontertheingkeit dediciern vnd zu schreiben wöllen/ der ontertheingsten/ tröst-
lichen zuuersicht/ E. C. F. G. werden dessen kein vngene-
diges mißfallen tragen/ Sondern jr sollich mein on-
terthenigist wolmeinend werck vnd dediciern desselben/
genedigist beleben vnd gefallen lassen. Derselben E. C.
F. G. zu ontertheingen diensten mich hiemit beuelhen-
de/ Geben zu Nürmberg den 14. Nouembris/ Anno rc.
1 5 7 1.

E. C. F. G.

Ontertheniger

Hans Lencker Burger
zu Nürmberg.

A iij   Vorredt

Lob vnd Ehr: Gott dem allmechtigen / von welchem allein alle gute gaben vnnd künst herkommen / vnd iren vrsprung haben / vnnd zu dienstlichem wolgefallen allen liebhabern diser edlen vnd lieblichen kunst perspectiua / hab ich erstenmals den 25. October des 67. Jars / ein kleins Tractetlein von diser kunst publiciert vnd an tag gegeben / vnd aber dazumal / vmb des geringen ansehens willen desselben das funda= ment vnd den weg wie alle dise ding zu machen / hinderhalten / vnd das auf gelegnere zeit vnd etwas scheinperlichers sparn wöllen / welliches ich dann noch auff disen tag wol gesinnet were / Sintemal ich aber sihe vnd spüre / das mir die gelegenheit etwas ansehelichers vnd mühsamers ins werck zu richten teglich mehr entgehen / dann zu handen wachsen wil / vnd auch da= neben das bedencke / das begirliche gemüter vil mehr mit eignem wissen / vñ dem das sie selbs machen können / dann mit frembden verborgnen kün= sten / vnd dem das von andern gemacht / gesettiget werden mögen / So bin ich entlich auff anregen viler fürnemer vnd kunstliebenden personen / vnd besonder des hochberhümbten vnnd hochgelerten Herrn P. Ramus Kö= niglicher Maiestet zu Franckreich Ordinari Professoris in der weitberümbten Vniuersitet zu Pariß / der mich selbs eigner person (vnnd neben ime Er Friederich Reisener Matematischer kunst liebhaber vnd fordorer) zu hauß ersucht / vnnd darumb gebeten hat / dahin beweget worden / zu bewilligen / solch mein (von Gott verlihen) geringes pfündlein zu publicirn / vnnd durch den druck / denen so des begeren / vnd bessere gelegenheit haben / et= was ansehlichers vñ mühsamers ins werck zu richten mitzutheiln / vnd da= mit den andern so höhers verstands sein / dann ich / vnd doch jre kunst ver= borgen halten / mit jren gaben / so sie von Gott empfangen / auch ans liecht zu kommen / vrsach geben wöllen / dieweil je kein mensch im selbs al= lein / sondern viel mehr dem andern zu dienst leben soll.

Vnd wiewol die edle perspectiua dermassen ein hohe / schöne / supeile / (jedoch weitleufftige) kunst ist / wie dann das den Phisicis vnd natur kün= digern des gleichen des gestirns erfarnen wolbekandt / welche sich derselben auch biß zu den himlischen Cörpern zugebrauchen wissen / was aber ich freundlicher lieber leser / mit dem wörtlein perspectif / wil gemeinet vnnd verstanden haben / das werden dir die nachfolgenden Figurn / dises kleinen werckleins / vnd derselben beschreibung hierinnen eigentlich anzeigen vnd zu erkennen geben.

Dann ob gleich vil vnd mancherley schöne kunst (auß dem augenmaß genommen) allenthalben vorhanden / so seien doch dieselben mehrertheils also geschaffen / das je einer den andern in denen vnterschiedlich weit vber= treffen kan / aber durch dise kunst möchte (do es allein am fleiß nicht mang= lete) durch ein gewisse distantz / höhe des augs / vnd ordenliche verrü= ckung / ein jedes fürgenommens ding / auß rechtem grund der Geometria / auff ein ebne flechen gerissen / vnd one mangel also fürgebildet werden / das es dem geschicht nit anders / auch weder mehr noch minder erscheinen vnnd gesehen würde / als ob es Cörperlich in solcher höhe vnd ferne / mit leng / dicke vnd breite / seiner proportionirten grösse / gegenwertig vorhanden stünde / vnd auff solche maß nicht gewisser fürgestelt werden köndte / als wie

wie in Arietmetica ein recht facit / eines Exempels / auch nie gewisser gefunden werden mag.

Und ob wol von alten vnd newen diser Kunst erfarnen / vil bücher vnd
schrifften an tag gegebē worden / so seien doch dieselben mehertheils so müs-
selig vnd weitleüffig / mit vilen vberflüssigen / vergeblichen linien / puncten · ziffern vnd buchstaben / dermassen vberheüfft / das es den anfahenden schülern / anstat der schönen lieblichait / so inn berürter kunst steckt /
mehrmals irrthumb verdruß vnnd vnlust bringet / ja das auch manchem
die kunst gar dauon erlaidet wirdt.

Und diewil mir dann auff das publicirn meines ersten werckleins viler vrtheil vnd was sie dauon gehalten / zugehör kommen / deren dann ains
theils lieber des Kerns geniessen / dann vergeblich nur die schaln beschawen
wöllen / Dagegen aber viler gemüter so steiff an den bißhero gemeinen
brauen vnd derselben demonstration gehafftet / also das sie nicht für müglich gehalten / solche weg erfunden sein / wie dann der inhalt desselben meines ersten werckleins vermag / vnd besonder in dem / da ich gemelder / das
ich in vbung diser Kunst / auß verleihung Göttlicher gnad / so ein behenden /
leichten / iedoch recht vnd gewissen weg / vortheil vnd Compendium darinnen gefunden vnd erfaren hab. Erstlich / das nit von nöten / das die ding /
so man perspectiuisch haben wil / zuuor Corperlich sein müssen. Zum andern / das mehrmals auß einem grund one maß vil vnnd mancherley gantz
vnterschiedliche ding in die Perspectiff gebracht werden mögen. Zum dritten / das auß rechtbereiter Geometria (wie ich bey dem grunde S. hernach
verstanden haben wil) alle vnnd ein iedes Corpus / auch one einigen gebrauch des Zirckels auffgezogen / vnd in die perspectieff gebracht werden
mag. Zum vierdten / das alle vergebliche linien / riß vnd puncten vermitten bleiben vnnd erspart werden mögen / vnnd gar kein andere linie noch
punct gesetzt noch gezogen werden tarff / dann allein die ienigen / so der
fürgegebnen Cörpern anhengig vnd zu irer formirung von nöten sind etc.
Zu dem werden sich noch zwey stücke im gebrauch vnnd werck hernach be-
funden / Nemlich / zum fünfften / das der principal punct / darauß die Corpora auffgezogen werden offt verruckt / vnd das der zu einem Corpus zwen /
drey vnd mehr (one falsch desselben) gebraucht werden köndten / Das sechste
aber welches ich allein schimpffsweiß setze vnd melde / diewil das niergend
zu dienstlich oder von nöten / vnd wol vermitten bleiben kan / Nemlich / das
gleichwol alle puncten eines Corpus (da man wolte) nach angerichten In-
strumenten / auch blindlich gesetzt werden könden / welche sechs stücke du
aber villeicht nicht ehe glauben / dann erfaren möchtest.

Und damit ich aber nit dafür gehalten / als ob ich mich solcher ding
berhümbte / denen ich im werck kein genügen thun / noch mit der that erzeugen könde / so hab ich mich desto ehe zu solcher publication bewegen lassen / auff das ich mit der that vnd dem augenschein erweisete vnd dartete
das jenige / das dem fürgeben der wort bißhero nicht hat vertrawet werden wöllen / vnd derhalben in disem wercklein solchen meinen weg / in diser
Kunst durch etliche beygesetzte Figuren von No 1. biß No 10. vnd derselben exempel zubeschreiben vnd zu eröffnen fürgenomen / vnd habe dir lieber Leser in dem meines versehens (so viel müglich) mit bestem fleiß den weg dazu
bereitet vnd also gebanet / das billich kein wort noch figur hierinnē (in fleis-
sigem bedencken oder anschawen) irrig vnd anders dann dahin die gemeinet /

net / verstanden werden solte / also / das du von wort zu wort / gleich der
schnur nachgehen / vnnd nicht felhen wirst / Jedoch wolstu gütiger Leser nicht für vbel nemen / ob nit alle wort in jrem eigentlichen vnd scherpff-
sten verstandt / oder wie die von gelerten vnd andern gebraucht / hierinnen
gesetzt worden / Sondern dich benügen lassen / wann du die meinung derselben / vnd was sie wöllen / darauß vernemen kanst / dann alle dise ding /
mit jren eigenen vnnd zugehörigen worten vnd namen zugeben / gehört
mehr dann Layens wissen zu / wil mich auch derhalben zu deiner gütig-
keit getrösten / du werdest solche vnuolkommene wort
(in reicherm verstand) mehr zuuerbessern / dann
zu verachten / geneigt vnd beholf-
fen sein / etc.

Zu be-

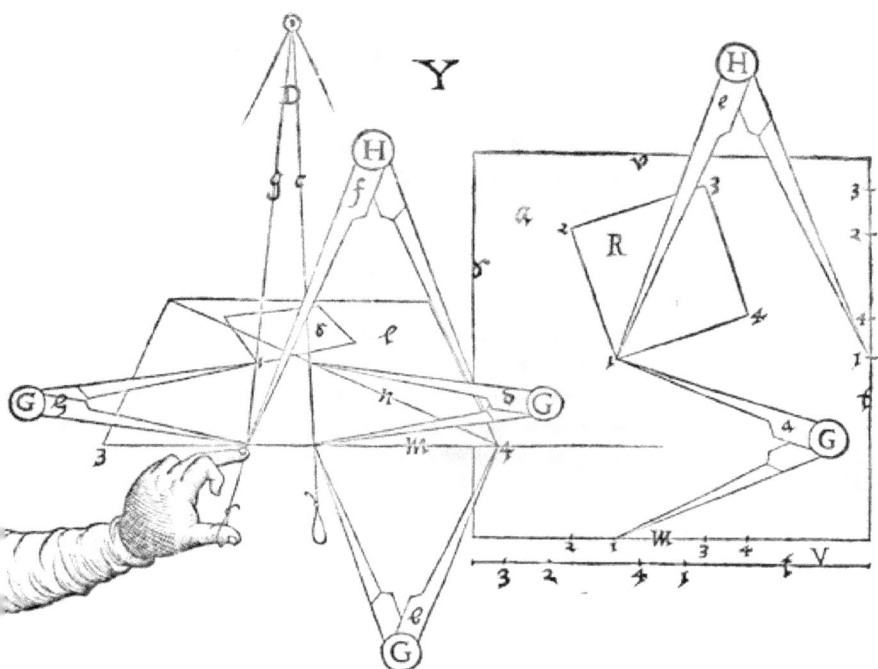

Y

R

V

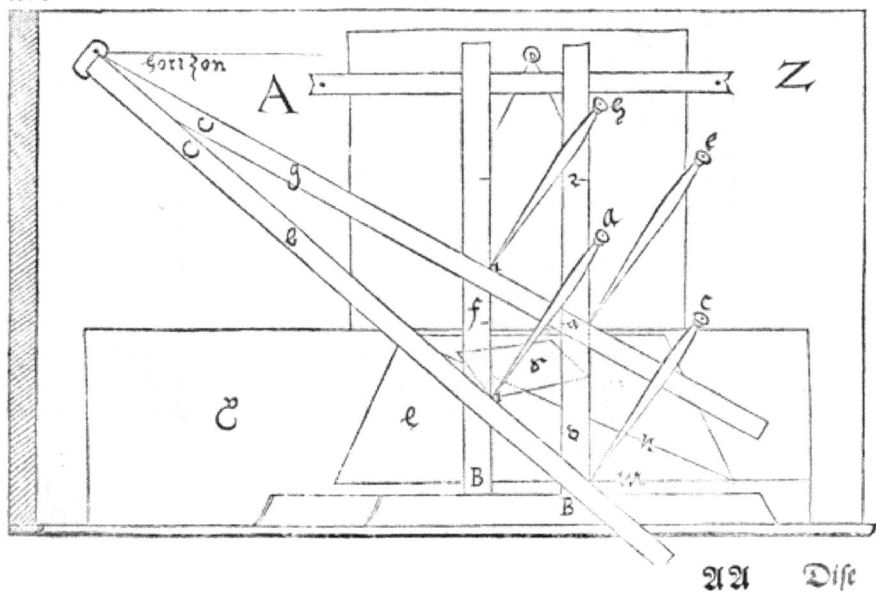

A

Z

horizon

AA   Dise

Dise beide Figuren Y. vnd Z. mit

jrem bericht/gehören in das XIIII. blat/hinten nach
dem ersten Parag. zum ende der beschreibung vber die N° z. in welchem N° z. dise hierinn beschriebene Praxen der Perspectief volzogen/ vnd neben
andern vorgehenden dreyen Exempeln/ auch mit disen beiden Figuren
lauter vnd volkommen erkleret wirdt.

Ann wie das Exemplar gedruckt / vnnd ich
vermerckct / das die beschreibung der Figur N° z. (an
welcher dann das meiste hierinn gelegen) bey etlichen/
die solcher ding zuuor vnbericht gewesen/ zu volkomme-
nem verstand/ nit genug sein wöllen/ vnd das die ding/
(welche von den zuuor vngeübten) allein auß jrer beschreibung / ou
alles zeigen/ verstanden vnd begriffen werden söllen/ nicht zuuil vnd
offt fürgelegt vnd erkleret werden mögen / vnd damit auch niemand
durch mißuerstand geirret / vnd den nutz diser kunst gerathen müsse/
so bin ich verursacht worden/ die Exemplaria in zuhalten/ biß das ich
dise beide Figuren mit jrer beschreibung/ erst im 72. Jar/ dazu hab
können bringen.

Dann weil ein jede kunst/ welche auß jrer beschreibung nit genugsam verstanden noch begriffen/ vñ also zu jrem dienst gezogen werden
mag/ bey nahend/ als vneröffnet vnnd noch verborgen zuachten sein
will/ vnd aber dise kunst besonder dienstlich sein kan/ allen Werckleu-
ten/ die sich des messens vnd der Geometria gebrauchen/ vnd fürnemlich den Bawmeistern/ welche von Holtz oder Stein zubawen fürha-
ben/ das sie die gründe verjüngen/ vnd (wie die gebew/ innen oder aus-
sen/ von vornen/ hinten/ oder nach der seiten/ gestalt sein söllen) zuuor
in kleinen mustern Perspectiuisch darauff für augen stellen/ vnd denselben nach mit dem grossen werck verfaren können/ Vnd also mögen
auch / zu bekleidung der Gebew/ es sey mit gemehl / oder schönem ge-
tefel/ dieselben zuuor nach jrer proports verjünget/ vñ Perspectiuisch
inn kleinen mustern fürgerissen werden/ Aber sölche vnd vil andere
nutzbarkeit/ können durch mißuerstand (entweder der Figuren oder
der beschreibung) keines wegs erreichet noch erlanget werden.

Vnd dieweil dann die gantze hierinn beschriebene Praxen/ fürnemlich in N° z. auff disen beiden stücklein hafftet/ Erstlich wie die
gründe .R. der vierung .a. durch die beide zirckel .G.H. vnd die Saiten .D. auff die vierung .L. in den grund .S. vbergetragen müssen sein.
Vnd zum andern/ wie auß den puncten des grundes .S. die Perspectiuische

tinische cörper auffgezogen werden söllen/Welche beide stücklein/hab
ich dir inn disen zweien Figuren .Y. vnd .Z. also klar vnnd greifflich
darthun vnd zeigen wöllen/das du der dem a b c. nach/on allen irr=
thumb gewiß werden/vnd nicht fehlen kanst / Vnd ob ich wol in disen
beiden Figuren/ vil Zirckel/Saiten/Instrument .B. C. vnd Stefft
angezeiget hab/so wölstu doch bey .Y. nur zwen Zirckel .G. H. vnnd
ein Saiten. Vnd bey .Z. nur ein Instrument .B. ein Linial .C. vnd
einen Stefft verstehen.

Vnd erstlich bey der Figur .Y. wie die puncten des grundes .R.
von der vierung .a. auff die vierung .L. vber getragen werden/hab ich
(wie beide Zirckel vnd die Saiten je eins nach dem andern mit messen
vnd rucken gebraucht werden söllen) also auch mit a. b c. nacheinan=
der verzeichnet. /a. ist das erste messen mit dem Zirckel .G. von der
linie .m. der vierung .a. biß inn den punct .j. am grund .R. des Cubi.
/b. ist das ander messen/ also vnuerruckt des Zirckels/vom punct .4.
der vierung .L. in die linie .m. /c. ruckt die Saiten biß an den Zirckel.
/d. misst das dritte mal von der linie .m. biß an die linie .n. da die
Saiten durchschneidt/vnd legt den Zirckel vnuerruckt beyseitz nider.
/e. misst mit .H. von der linie .t. biß in punct .j. am .R. /f. misst also
vnuerruckt von dem punct 4. der vierung .L. in die linie .m. /g. ruckt
die Saiten biß an den Zirckel. /h. setzt mit dem hingelegten Zirckel/
den geltenden puncten .j. an der Saiten nider (dann als gemelt) wie
mit einem punct gethon/ also auch mit allen gethon sein will.

Wann du aber die linie .t. mit jren puncten niderlegest/wie die li=
nie .m. als du bey .V. zusehen hast/vnd setzest die puncten diser beiden
linien .t. vnd .m. mit vnterschiedlichen zeichen/in die linie .m. der vie=
rung .L. so darffstu keines Zirckelmessens mehr / dann nur das mit
dem Zirckel .d. G. vnd setzest alsbald den geltenden puncten nach der
Saiten .g. nider.

Zum andern/hab ich eben der gleichen auch/bey der Figur .Z. mit
dem auffziehen vnd erheben des puncten .j. am grund .S. des Cubi/
wie auff der tafel .A. die Linial .C. B. vnd der Stefft/ je eins nach dem
andern gebraucht (wie offt der Stefft gesetzt .C. vnd .B. geruckt wer=
den söll/biß der punct .j. (oder ein ander) zum Corpus erhoben/vnd
in seinen winckel felle) auch mit .a. b. c. nacheinander verzeichnet.

/a. Setzt den stefft gerad auffrecht in den punct .j. des grundes .S.
/b. ruckt das Linial .C. biß an den Stefft. /c. setzt den Stefft in die
linie .m. aus Linial .C. /d. ruckt das Instrument .B. an den Stefft.
/e. setzt den Stefft auffs Papier/an die Erdlinie .a. (oder an ein an=

tern punct am Linial .B. vnd helt allda mit still. /f.ruckt das In=
ſtrument .B. zuruck/recht auff den punct .j. am grund .Ƨ. /g.ruckt
das Linial .C. an den ſtefft/wo nun das Linial .C. g. das Linial .f.B.
durchſchneidt/in diſen winckel ſetzt .h. den geltenden puncten .j. zum
Cubus nider.

Bericht auff etliche wort.

j.　　Was ich bey dem wörtlein Geometria will verſtanden haben/
findeſtu am V. blat/vorn am erſten vnd andern Parag. vnd am VII.
blat/vorn am vierten Parag. vnd hinten am erſten Parag. vnd vorn
am X. blat vnten.

2.　　Den vmb vnd abſchnit im VI. blat/hinten im andern Para.
vnten verſtehe alſo/wenn du ein Corpus (es ſey wie es wöll/ablang/
rund/gerad/krumb/oder ecket) zu einer wand ſtelleſt/vnd ſetzeſt ein
liecht gerad dagegen/doch weit dauon/ſo wird das Corpus ſeinem
vmb vnd abſchnitt/gleich ein ſchatten an die wand werffen/ꝛc. vnd
diſer ſchatten gleicht auch etlicher maß den gründen .P.

z.　　Was der auffzug ſey/dadurch die Corpora erhoben vnd auff=
gezogen werden/findeſtu am XI. blat/hinten im dritten Parag. vnd
am XV. blat/vorn am vierdten Parag. vnd in Nᵒ. 4. 5. vnd andern
Figuren/da die puncten aller Corpora auffzüg/neben den cörpern
nacheinander auffwartz mit a. b. c. oder j. 2. z. verzeichnet ſind.

4.　　Was ein gantzes/ein durchſichtig/vnd ein durchgebrochen/
oder durchgeſchnitten Corpus ſey. Ein gantzes Corpus haſtu im
Nᵒ. j. mit 8. Drianglen/vnd in Nᵒ. 6. an der Kugel mit dem ring.

5.　　Ein durchſichtig Corpus/als wans Criſtall wer/haſtu im
Nᵒ. z. am Kegel.

6.　　Ein durchbrochen oder durchgeſchnitten Corpus haſtu im
Nᵒ. 7. neben dem Schnecken ſtehen.

7.　　Der einſchnitt im XXIIII. blat vorn iſt/wann auff das Pla=
num des Corpus vmb vnd vmb verzeichnet wird/wie breit die Stebe
ſein ſollen.

8.　　Der durchſchnitt iſt/wann die Stebe mit den innern linien
volzogen vnd ſichtig gemachet ſind/wie das durchgeſchnitten Cor=
pus in Nᵒ. 7. gar mit ſolchen ſteben formirt iſt.

9.　　Blindriß oder Blindlinien ſind mit eitel pünetlein gethan.

jo.　　Ortlinien vnd Ortriß/ſind/in welchen die vergerung der grün=
de/oder werck/zuſamen treffen.

Zubeſchreiben

Obeschreiben aber vnd

zulernen den grunde vnd das fundament der Kunst Perspectiua nach diesem meinem hernach angezeigten wege/wöllen erstlich
von nöten sein etliche Werckzeug vnd Instru-
ment/welche ich alle in der ersten Figur N° j.
fürgerissen hab/ Vnd wiewol ich dir günstiger
lieber leser alle diese Instrument vnd Werckzeug ein iedes mit einer
eignen leng/dicke/vnd breite beschreibe/wie ich mich dann auch in etlichen volaenden Figuren eines gewisen mases vom Zol vnd Statt-
schuch zu Nürmberg gebrauchen wir/welchen halben schuhe ich dir
mit seinen sechs Zolen in diser ersten Figur fürgerissen/vnnd doch die
Instrument vnd werckzeug nit alle mit völliger leng vnd breite des-
selben/sondern nach einem verjungten Zol dabey verzeichnet hab/ so
soltu aber doch mit nichten vermeinen noch gedencken/das alle dise
ding/eben an solche benennliche maß gebunden sein/ Dann was die
Instrument vnd werckzeug belangt/mögen die grösser vnd kleiner/
nach erheischung der ding/so man machen will/gebraucht werden/
desgleichen was auch die grösse der gründ/die höhe des Augs/vnnd
die ferne der Distants belangt/darinnen mag ein ieder/nach seinem
verstand/mehren/mindern/nemen oder geben/ Das ich aber etliche
ding mit einem gewisen maß beschreibe/geschicht allein darumb/das
ich den/so zur lernung diser kunst greiffen will/gleich als bey der
hand/mit gewisen regeln leite vnd füre/biß er ein Corpus in die Perspectif gebracht/vnnd den weg des fundaments ergriffen vnnd verstanden hat/als dann fallen alle dise fürgeschribene maß/vnnd mögen nach eines ieden gefallen/also gebraucht oder verendert werden/
Vnnd wann du anfangs die hierinnen verzeichneten Instrument/
vierung/gründ/linien/vnd puncten (gleich als ein a b c.) lernest ken-
nen/vnd recht verstehen/so wird dir die Praren one einigen irthumb
gar schleunig von staten gehen/welche ich dir kurtz/vnd allein/durch
die ersten drey Figuren/mit dreyerley Exempel/gantz volkommen beschrieben habe.

Von Instrumenten zu diser
Kunst gehörig.

               B   Erstlich

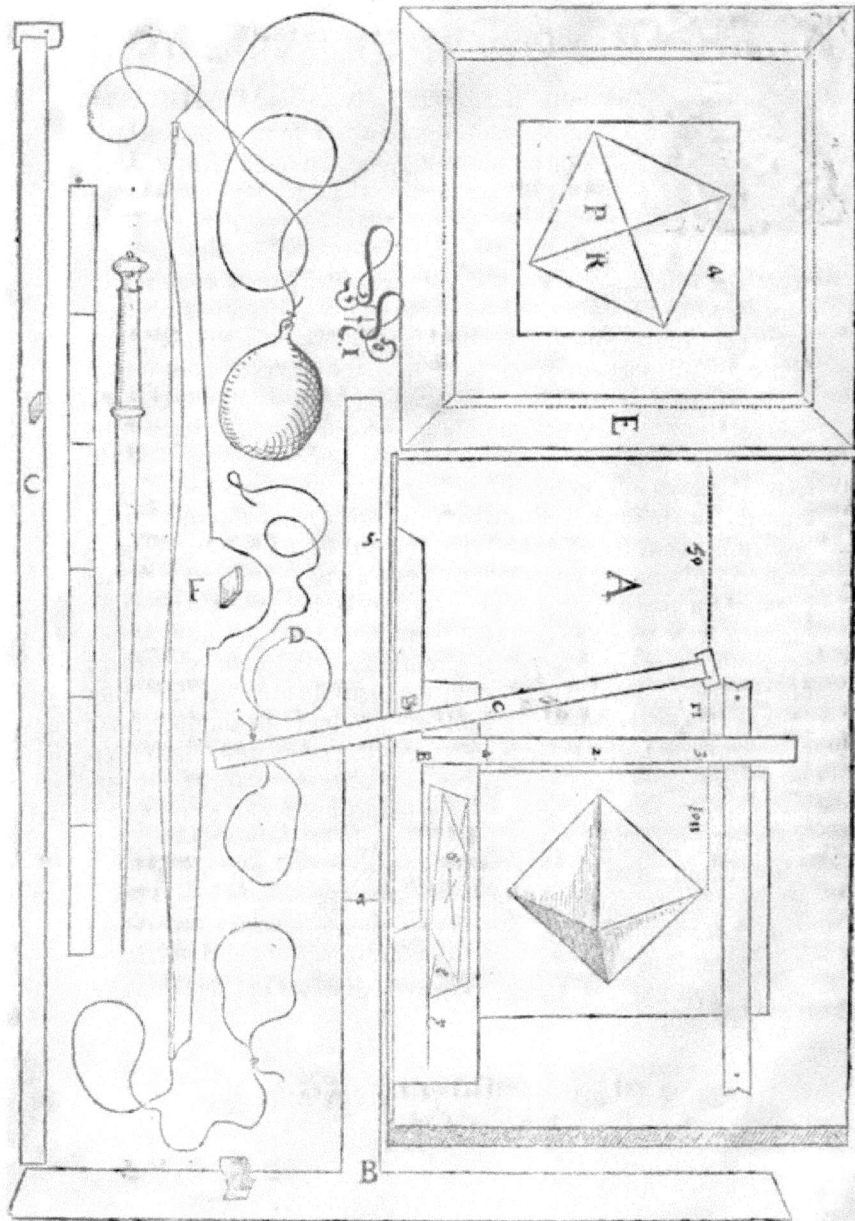

Rstlich mustu haben ein Tafel von lindem
holtz/2. schuhe lang/1. schuhe vnd 8. zol breit/vnd ⅛. zol
dick (welche du/wann dus brauchen wilt/am aller be-
quembsten/als ein Schreibbültlein/ein wenig geleinet/
für dich legen solt) dazu mustu haben ein leisten der Tafel leng/ ¼. zol
dick/vnd ⅜. zol breiter dann die Tafel dick ist/vnnd dise leisten heffte
oder leime vnten gegen dir/an die lange seiten/solcher Tafel/also das
das ⅛. vom zol/des die leisten breiter dann die Tafel dick ist/oben vber-
steche/vnd diß wird zu zwerch/vnnd perpendicular linien/ein rechte
vnd gewise regel sein/vnd ist dise Tafel/sampt der leisten/inn der ersten Figur N° 1. mit A. signirt. Es soll dich aber gar nicht jrren/ob
gleich mehr ding auff derselben verzeichnet sind/von welchen der bericht hernach volgen wird/wölte aber jemand/weniger kostens halb/
nur ein gemein Linial/mit zweien nadelspitzen/auff ein Tisch oder
anders ebens Bret hefften/das were auch genug hierzu.

Auff dise Tafel vnnd an die vberstechende leisten/gehört nun ein
Instrument von Messing gemacht/wie das in N° 1. mit B. a. vnd 5.
bezeichnet ist/doch mustus verstehen vnd also ansehen/das B. a. vnd
5. gerecht für dich kommen/die dicke ist/wie ein starck Kartenpapir/
die leng des breitern theils/so an die leisten gehört/sey 1½. schuhe/die
breite 1. zol/on gefehr mitten darein/vnd darauff/muß gantz winckelrecht gefüget/vnd mit Zin gelötet werden/ein Linial von gleicher di-
cke/1 ½. schuhe lang/vnd ⅜. zol breit/vnd diß auffgelöt Linial/macht
disem Instrument/gegen der rechten vnnd lincken hand/zwen gleich
gerechte winckel/bey dem winckel gegen der rechten hand stehet sein
zeichen B. vnnd zwen zol vom winckel B. gegen der lincken hand/löte
ein grifflein/dabey man es halten/vnnd an der leisten gegen der rechten vnd lincken hand/hin vnnd her rucken kan/dann das vnterste
zwerchtheil/welchs zols breit ist/dienet zu nichts anders/dann das
es nur gerad an der leisten geführet werden möge/vnnd diß Instru-
ment/wie das hie gantz beschriben vnnd fürgerissen ist/will ich das
Instrument B. nennen/aber das auffrecht schmale theil desselben al-
lein/nenne ich das Linial B. die puncten aber/welche du volgends
auff diß Linial zusetzen gelernet wirst/an die seiten da 5. stehet/
die werden auch jren besondern namen mit sich bringen/vnnd ist der
brauch dises Instruments/nicht allein zur Perspectif/sondern auch
zu allerley gründen der gebew/der Cörpern/zu auffrechten/ligen-
den/vnnd geleinten dingen/vberauß bequem vnnd sehr dienstlich/
was ich aber durchauß einem B. für dienst zuschreiben werd/so will

B ij ich

ich doch in alle wege nicht anders verstanden noch gemeinet haben/
dann das es stets an der leisten der Tafel behalten/ vnnd daran hin
vnd her gerucket werden soll/ Dann dieweil zu allerley dingen diser
gantzen kunst/ nur allein dreyerley art der geraden linien gebraucht
werden mögen/ als nemlich ein Perpendicular/ ein Wagrechte/ vnd
ein Geleinte (vnnd one die geleinte/ welche von wegen vmbwendens
auch hoch vnnd nider neigens/ allerley vnentliche verenderung mit
sich bringt) mag diß .B. die andern beide darnach zuziehen/ auffs al=
ler bequembste gebraucht werden/ wann so es an der leisten bleibt/ so
zeigt das auffrecht Linial/ ein rechte vnd gewise perpendicular linia/
dabey versehe ein solche linia/ welche gleich einem faden/ im Bley=
scheit gerad gegen der erden vntersich henget/ vnnd mag dise linie hie=
rinnen nit anders/ dann nach dem Linial .B. von oben der Tafel ab=
werts gegen der leisten gezogen werden/ wie in N° 2. vnd .3. die linie
s. vnd .t. vnd dergleichen/ jedoch müssen dise vnd alle Figuren/ wie die
hernach beschrieben/ für sich genommen vnnd beschawet werden/ wie
das die N° vnd beygesetzte ziffern vnd buchstaben erfordern vnd mit=
bringen/ vnnd wann du einen punct auff solches Linial setzest/ hoch
oder nider/ vnd stichst den gegen der rechten vnnd lincken hand auffs
Papir ab/ so nahend oder weit von einander/ als du wilt/ so hast du
zwischen disen zweien puncten/ ein rechte vnnd gewise zwerch oder
kreutzlinie/ dabey verstehe ein solche linie/ welche mit beiden orten inn
gleicher höhe/ wie ein rechter Wagbalcken/ ob der Erden ligt oder
schwebt/ vnnd kan dise linie nicht wol anders anzeigt werden/ dann
wie in folgenden Figuren die zwerchlinie .m. der Horizont vnnd der=
gleichen/ wiewol sie Perspectiuisch/ wie ein vurhu der Vhr hin vnnd
her gewendet allerley verenderung mit bringet/ wie du der inn N° 10.
bey dem mitlern grund des gestürtzten kegels/ viere zusehen hast/ vnd
wann du solcher wagrechten zwerchlinien/ gleich dem Horizont/ vil
bedarffst/ so heffte ein Linial auff die Tafel/ gegen der lincken hand/
winckelrecht von der leisten gerad vbersich/ daran man das .B. mit
seinem breiten theil/ auff vnnd ab rucken kan/ so mögen dann solche
zwerchlinie nach dem schmalen theil desselben/ von der lincken gegen
der rechten in gleicher weite von der leisten/ fertig vnd gewiß gezogen
werden/ vnd ausser diser zweier linien mag keine gerissen werden/ die
nit hoch oder nider seinet/ deren gleichnuß eins theils hastu in N° 2.
bey den linien .c. d. f. g. n. 2c. Vnd wölte auch iemand den vnkosten di=
ses Instrument von Messing zumachen/ ersparen/ der möchte von
eim starcken Kartenpapir eins außschneiden/ wie das in N° 2. mit
3. bezeichnet

z. bezeichnet ist/vnd aber das auffwartz/ob der ziffern z. so hoch las-
sen/als ers bedürfft/vnd an dessen stat gebrauchen.

Ferner mustu haben ein Linial (das mag wol von holtz sein) ongesehr z. schuhe lang/z. zol breit/so dick als zwey Kartenblat/darun-
ter muß am obern ort ein kleines spenlein/von diser dicke geleimet
werden/das muß ein kleins löchlein haben/dadurch ein Nadel gehen
mag/vnd muß solch löchlein gerad auff die eusserste linie des Linials
gerichtet sein/wie du das in N° z. mit .C. bezeichnet sihest.

Ferner mustu haben (allein zubereitung der gründe) zwen zirckel
die zeichne mit .G. vnd .H. die willig in der hand sind/doch nicht allzu-
geng/auff das sie sich im niderlegen oder auffheben nicht verrucken/
die mögen groß oder klein sein/nach dem die gründ erheischen/vnd die
vierung .a. groß oder klein ist / vnd dann ein eisen stefft zum punctirn
vnd reissen allerley linien.

Noch mustu haben ein gar kleine saiten/an stat einer beweglichen
linien.ongesehr ein schuhe lang (lenger oder kürtzer) nach dem du das
Aug vnnd den Horizont hoch oder nider ob dem Estrich erheben wilt/
die muß haben am obern ort ein kleins schlinglein/dadurch mans mit
eim negelein auff die Tafel hefften kan/vnten aber muß sie ein grösse-
re schlingen haben / das mans an den Daumen der lincken hand
thun/vnd zu irem nutz/wie volgen wird/gebrauchen mag/wie solche
in N° z. mit .D. signirt ist.

Diß sind nun die notfürfftigen Jnstrument vnd Werckzeug/so
man zur Perspectief/vnnd allerley gründen dises wegs zugebrauchen / vor der hand haben muß/ Vnnd dieweil dann fast ein ieder die
zirckel zuvor hat/so hastu hiebey abzunemen / wann einer die vbrigen
Jnstrument vnd werckzeug/wie die nach dem geringsten kosten hierinn beschrieben vnnd anzeigt sind / gebrauchen wölte / das er die alle
mit .4. oder .5. kreutzern erzeugen möchte.

Noch will ich deren zwey beschreiben / welche fürnemlich mehr
zur fertigkeit vnnd dem fleiß/dann zur not dienstlich sind. Jch mach
mir von Kartenpapir allerley gerechte durchgeschnitene vierung/
groß vnd klein/nach dem ich groß oder kleine ding machen will / also
das sie vmb vnnd vmb die grossen z. zol/die kleinern z. zol breit sind/
vnnd inwendig so wol als außwendig recht vierecket außgeschnit-
ten/das die inwendige weiten ongesehr sey.4.6.8.zol (mehr oder minder) vnnd nach dem man zu diser kunst (nach disem weg) vil rechtge-
uierter ebner Planus oder Pletze haben muß/so ist sehr bequem/waß
die von Messing gemacht sind / dann damit kan man one mühe Zir-
                         B iij   ckel oder

ckel oder Linial/gar leichtlich in einem vmbriß (sonderlich inwendig)
allerley gerechte vierung ziehen/vnd reiß dann auff dise vierung / sie
sey von Papir oder Messing / vmb das auß geschnittene geuierte loch
inwendig vier linien vmb vnd vmb / welche ich hie mit blindrissen angezeiget hab/vnnd dise linien müssen etwas starck gerissen sein / auff
das man mit dem zirckel darinn hafften/vnnd darauß die gründe ab-
messen kan / wie du dise vierung inn N' j. mit E. bezeichnet zusehen
hast.

Nun ist noch eins in N' j. von rechter leng vnd breite/mit F. signirt / das ist gantz von dünnem Messing / hat an beiden orten zwey
kleine rörlein/das nur ein Saiten dadurch gehn mag / welche onge-
fehr: 6. 8. oder 10. schuhe lang ist / hat vnten ein bleyen gewichtlein/
vnd am andern ort ein schlingen/das mans an den lincken Daumen
thun mag/vnd diser sollen von recht zwey sein/deren gebrauch ich hernach beschreiben will.

Vnd dieweil ich jetzund Instrument vnnd Werckzeug nach notturfft beschrieben/ vnd für augen geleget hab / so will ich nun auch etwas anzeigen vnd berichten von den Estrichen/vnnd gründen / so zu
diser kunst gehören/ vnnd von nöten sind / der sind fünfferley/welche
doch nicht mehr dann zweierley besondere vnterschied haben / Die ersten zwen sind allein als an stat der erden/oder eines platzes / dienst-
lich/natürliche/oder Perspectiuische corpora/darauff zustellen/Die
drey aber werden/ein jeder nach seiner maß (wie volgen wird) verglichen den gebewen vnnd andern Cörpern/ so man inn die Perspectief
bringen will.

Vnd von den ersten zweyen/ wie vnd auß was vrsachen der erste
allein durch die Perspectief vnnd das Gesicht inn ein andere gestalt
verwandelt wird/will ich kürtzlich vnd eigentlich durch die volgende
Figur anzeigen vnd berichten.

Von bereitung vnd vrsach
der gründe.

Erstlich

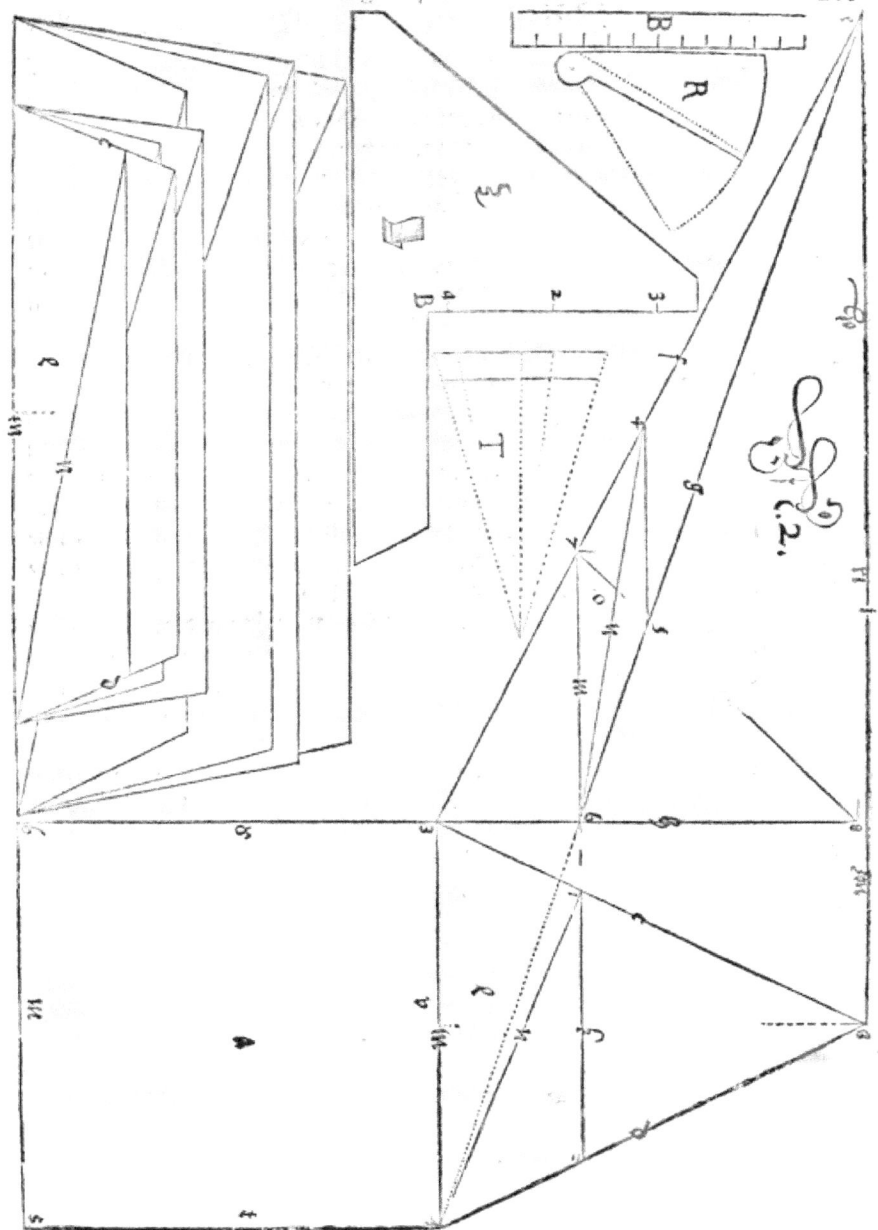

Rstlich findestu hie in N° 2. der andern Figur / ein gerechte vierung oder plonus mit .a. signirt / deren vier eck bezeichnet sind mit z. 4. 5. 6. welche vierung anders nit verstanden werden soll / dann an stat eines Erdengrunds / oder eines Estrichs / darauff man allerley gebew / geuiert / ecket oder rund / raumlich stellen kan / oder an stat eines tisches / oder eines andern ebnen platzes / darauff man etwas zubeschawen setzen / stürtzen / legen oder leinen mag / vnnd dise vierung soll allweg so groß sein / das die gründe eines oder mehr der Corpora so man machen wil / verruckt oder vnuerruckt / saten rhaum darauff haben mögen / vnd nit vbertreffen.

Den vnterschied aber der Erdengründe vnd der Corpora gründe / will ich dir mit disem exempel erkleren / Also / nim dir für / das ein Tisch der Erdengrund / a. oder ein Estrich sey / vnnd reise darauff ein Zirckelriß / oder ein quadrat / so beschleust inn sich der zirckelriß ein andern besondern grund einer Kugel / oder eines andern runden Corpus / vnd das quadrat beschleust in sich den grund eines Cubus / oder eines andern geuirten Corpus / also auch dergleichen von andern superficien vnnd gründen der Corpern auff dem Estrich zuuersiehen / welche hernach .R. genennet werden.

Vnd dise vierung nenne ich nach irem zeichen a. die breite derselben ist.z ½. zol / gerad mitten darüber .z½. zol / setze ein puncten .b. als die höhe des augs oder des Horizonts / in disen puncten zeuhe von den puncten .z. vnd. 4. zwo linie / die zeichne mit .c. vnd. d. vnd in gleicher höhe des puncten. b. zeuhe die linie Horizont / darein setze vom. b. gegen der lincken hand. 7½. zol ein puncten .e. als die distants zwischen dem puncten .z. vñ vom puncten .b. gegen .e. ongesehr. z½. zol weit / setze in die linie Horizont ein puncten .i. den will ich hierinnen den principal puncten nennen / dieweil derselbe allein dazu dienen soll / alle Corpora oder Gebew darauß zuerheben vnd auffzuziehen / wie du hernach vernemen wirst / als dann zeuhe vom .e. zwo linie zu .z. vnd. 4. den zweien ecken der vierung .a. die zeichne mit .f. vnd .g. dann zeuhe auß dem puncten .z. ein gerade linie vbersich inn den puncten .8. die sey .h. vnd wo nu dise linie .h. von der linie .g. bey dem punet .6. durchschnitten wird / in derselben höhe schneide den Estrich mit einer zwerchlinie .k. zwischen den zweien linien .e. vñ .d. ab / so hastu die vierung .a. nach diser höhe des Augs / vnd ferne der Distants / zwischen den puncten 1.2.z.4. recht in der Perspectief / vnd dise vierung nenne ich .l. vnd helt sich mit disen zweien vierungen .a. vnd .l. gleich als wann du einen

Tisch

Tisch vber seinem mittel gerad von oben herab ansehest / so würde er dir / nach art der vierung .a. anders nicht dann recht vierecket erschei-nen / wann du aber 10. oder 12. schuhe der Distants dauon gehest / ob es nun wol eben derselbige geuirte Tisch ist / so wird er dir doch fürsich hinauß kurtz vnnd zugespitzt oder verjüngt / nach art der vierung .l. anzusehen sein / Vnd die ortlinie diser vierung .l. sey .n. (jedoch mag vom .z. zu .z. auch eine zu gleichem brauch gezogen werden) die leng-ste linie aber / so von etlichen Base genennet wird (welche sich allein an disem grund / mit der vierung .a. vergleicht) sey .m. vnd ob wol dise linie .m. allweg vnter dem Horizont verstanden wird / so mag sie doch im brauch der Perspectief biß zum Horizont / vnnd auch darüber er-hoben werden.

Vnd hierauß hastu nun grund vnd vrsach / wie die Geometrische vierung .a. von wegen der höhe des Augs / vnnd ferne der Distants / jetzt als ein Perspectiuische Geometria oder Estrich zuachten / brei-ter noch lenger nicht / dann die vierung .l. erscheinen mag / vnd das di-se beide vierung .a. vnd .l. im grund einerley vnd gleich sind / vnd mü-sen auch derhalben einerley vnd gleiches inhalten / ob sie wol inn ge-stalt vnd namen vnterschiedlich sind.

Es mögen aber auch solche vierung .l. fertigkeit halber / zu aller-ley dingen / one alle vergebliche linien vnd solche vmbstende / erwehlet / vnd nur bloß mit vier linien groß oder klein beschniten werden / Wie ich dir solcher zum Exempel hie in N° 2. nach zweierley grösse / jrer zugehörigen vierung .a. achte auffeinanderliegend / fürgerissen hab / welche ich mir doch allezeit / nach erheischung der ding / grösser / klei-ner / lenger vnd breiter erwehle / vnd es kan doch gleichwol allweg ei-ner jeden solchen vierung .l. wie die erwehlet werden mag / Erstlich nach dem zusamen lauffen der beider linien .c. vnd .d. im puncten .b. die höhe des Augs vnd der Horizont / Vnd zum andern / nach der li-nie .m. jr zugehörige vierung .a. Vnd zum dritten / durch den abschnit der linie .k. die Distants / alles nach vorbeschriebner regel / recht vnd gewiß gefunden werden.

Du solt aber in erwehlung der vierung .l. dahin bedacht sein / ob das Corpus / das du machen wilt / ein grossen vnd scheinlichen / oder ein kleinen suptilen schnitt hat / darnach soltu ein vierung .l. einer sol-chen Distants erwehlen / es sey zwen oder drey schuhe / etwas mehr oder minder / wie dann ein jedes solches ding / twans Cörperlich were / nahe oder fern / am bequemlichsten zubeschawen fürgestellet werden möcht.

                                        C   Vnd

Vnd wiewol das etwas in die Perspectiuische gründ zubringen/
dise beide vierung .a. vnd .l. sampt etlichen puncten zuvdderst von
nöten sind/so wirstu doch im brauch diser ding erfaren/das die beide
linien .m. vnd .t. der vierung .a. vnd dann .m. vnd .n. der vierung .l.
sampt den zweyen puncten .b. vnd .i. im Horizont genug dazu sind/
vnd das alle vberige linien vnd puncten erspart werden mögen.

Vnd hiebey wölstu mit fleiß warnemen vnd mercken den bericht/
wie ich dir jetzt bey den Erdgründen/von wegen derselben vnterschied
thun/vnnd mit etwas vmbstenden/durch ein Exempel erkleren vnnd
anzeigen will / Nemlich also/Jch wolt gern ein Gebew 200. schuhe
lang/ 300. schuhe breit/vnd 150. schuhe hoch/mit seiner zugehör/als
Estrich/Seulen/Gewelb/Bögen/Dürn/Fenstern/x. vnd anderm/
wie das innen vnd außwendig gestaltet sein soll/nach seiner proportz
verjüngt/Corperlich in einem kleinen muster/ 2. schuhe lang/ 1. schuhe breit / vnnd .1½. schuhe hoch / von holtz gemacht/ auff einem Tisch
zubeschawen vor mir haben.

So kan nun ein solches muster/ oder was es sonst ist (doch nicht
das es Corperlich sein müsse/sondern nur mit höhe / leng vnd breite/
im sinn fürgenommen) auff einer vierung .a. welche zweyer schuhe
breit (oder mehr wans verruckt sein solt) auff zweierley gantz vnterschiedliche form vnnd gestalt gerichtet / vnnd auß rechtem grund der
Geometria/in die Perspectief fürgerissen werden.

Vnd erstlich also/ wann zu solchem fürgenommen Gebew/nach
seiner maß / auff ein zimliche Distants / ein pößlein/das sich seiner
proportz halber zum Gebew vergleicht/gestellet wird/vnnd wie nun
einem lebendigen Menschen / inn gleichmessiger Distants / ein solch
recht natürlich Gebew/Tempel oder Saal/ 200. schuhe lang/x. wie
gemelt/innen oder außwendig in seinem Aug erscheinen würde/eben
also vnnd gleicher gestalt kan auch dises Gebew oder verjüngte muster Perspectiuisch recht auff des pößleins Aug gerichtet werden/
vnnd diser art / sind von vilen trefflichen vnnd erfarnen leuten diser
kunst / gar schöne vnd zierliche Gebew Perspectiualiter an tag gegeben worden/vnd wann die vertieffung solcher gebew recht erkent werden sol/so kan es mit einem Aug/das auff sein Distants gar nahend
hinzu gehalten wird/am aller besten geschehen/Das ist nun eine vnd
die erste gestalt vnd form der Gebew.

Zum andern / so kan der grund dises Gebewes mit der vierung
.a. auff ein solche Distants / als zwen oder drey schuhe fern (wie du
oben bey erwehlung der vierung .l. vernommen) gerichtet werden/

wie

wie dann das aller bequemlichst mit einem lebendigen Aug ersehen
vnd begriffen werden mag/Vnd dieweil dann die hinzu gestelten pöß‑
lein nichts sehen / vnd aber alle solche ding nach dem lebendigen Aug
geurtheilt werden / So nim ich dessen vrsach alle ding mit meiner
Perspectief nach zimlicher Distants auff das lebendige Aug zurich‑
ten / wie du dann bey den hernach gesetzten Figuren / Gebewlein/
Schnecken / vnd andern Cörpern inn disem Büchlein zusehen hast/
vnnd auß solchem eruolget dann der ander form vnnd gestalt der
Gebew.

Vnd wiewol das nun die Gebew vnd allerley Corpora/ von we‑
gen diser zweierley vnterschiedlichen Distants/gar vngleiche gestalt
gewinnen / so ist doch ein jedes für sich selbs/seiner meinung vnd ver‑
stands halber/gantz gerecht vnd one mangel/vnnd mögen beide mei‑
nung/welche einem jeden am besten gefelt/ nach der hierinne beschrie‑
benen Praxen/auff das aller bequemlichst gebrauchet/vnnd die vie‑
rung .l. zu denselben/nach der ersten oder andern meinung/lang oder
kurtz abgeschnitten werden / welches dann geschicht / wann du den
puncten .e. als die Distants / nahe zu den zweien Buchstaben .h o.
oder noch neher zum puncten .i. ruckest/vnd die vierung .l. nach vori‑
ger beschreibung mit der linie .k. zwischen .c. vnd .d. abschneidest/so
hastu einen Estrich / der sich mit allem so darauff gestellet / nach des
blinden pößleins Aug / gar sehr vnd tieff hinein verspitzen vnnd ver‑
jüngen wird.

Nun ist natürlich das sich alle Corpora / verruckt vnnd vnuer‑
ruckt/allzeit gerad vom Aug fürsich hinauß gegen dem Augpuncten
.b. verjungen/ wie das auß disem Exempel leichtlich erkennet vnnd
abgenommen werden mag/Also/weil du in ein ablang oder geuiertes
Gemach gehest/das vier wend/einen boden vnd decke hat/dann stelle
dich gegen einer derselben wende / welche du wilt / gegen der rechten
oder lincken / gerad/mitten/nahe oder fern / hoch oder nider / so wird
doch allzeit dein Aug gerad fürsich in der gegenwertigen wand einen
puncten setzen/inn welchen puncten / die vier winckellinie / der beiden
Seitenwende (des bodens vnten / vnnd der decke oben / sampt allen
andern Gesimbsen / auch der vnuerruckten Beheeter / Tisch vnnd
Bencke) zusamen lauffen werden / wie du das mit einem oder zweien
Linialen/durch den augenschein gewiß probieren kanst/ welches wol
natürlich/jedoch vilen nicht one wunder ist.

Vnd dieweil dann natürlich das Aug den puncten allzeit gerad
für sich setzet/vnd das auch aller bequemblichst / die ding / gerad für

augen beschawet werden/so gibts mir vrsach zumelden / warumb ich
mich der gründe auch nicht gebrauche/welche vast vilen bißhero/ beide zun Gebewen vnd Cörpern / gemein vnd breuchlich gewesen sind/
vnd noch/wie du hie in N° 2. bey dem grund .o. zwischen den linien .f.
.g. ein gleichnuß zusehen hast/ da die linie .m. wol vnuerruckt bleibt/
aber der punct .4. wird nach der linie .f. lang vnnd schlim hinauß
gethenet/also das bißweylen die ortlinie .n. zwischen .4. vnd .6. der
Perspectiuischen vierung lenger wird/ als die ortlinie der Geometrischen vierung/zwischen den zweien puncten .7. vnd .8. bey welchem
sich/meines bedunckens/ etlicher maß ein mangel verbergen vnd mit
lauffen will/den ich dir hiemit (jedoch allein zu meinem benügen / jedermans meinung vngefochten) darthun vnd zeigen will/vnnd aber
denselben ferner/einem jeden nach seinem verstand/ selbs zuerkennen
vnd zu prüfen heimgestellet vnd befolhen haben.

Nemlich / es ist gewiß vnnd vnuerneinlich/das/ wann ein rechte Kugel zubeschawen fürgestellet wird/ es sey gegen der rechten oder
lincken/hoch oder nider/gerad/nahe oder fern/das dieselbige dem gesicht an keinem ort anders nicht / dann one mangel/ zirckelrund erscheinen wird/ Vnnd auß disem eruolget eben so gewiß das ander/
Nemlich/auß welchem Estrich die kugel Perspectiuisch/ jrer zirckelrunde/am nechsten vnd gleichsten erhoben vnnd auffgezogen werden
kan/das dieselben estrich/allerley andere ding darauß auffzuziehen/
am besten/gewisesten vnd vnbetrüglichsten sein müssen/ Vnd dieweil
dann auch das Augenmaß wider etliche ding so auß solchen schlimmen gründen gezogen werden/etwas zu streiten haben mag/ als sonderlich die Kugel auch andere Corpora / welche allzunidergedruckt
herauß kommen wöllen/so bleibe ich derhalben bey den gantz geraden
gründen / auff welchen allein alle ding so darauß auffgezogen werden / sie sind darauff verruckt/gelegt / oder geleinet/ wie sie können/
dem gesicht gerad entgegen/vnnd nach vermögen menschliches fleiß/
one falsch fürgestellet werden/vnd wer nun also ein Corpus auß den
schlimmen gründen nit gedruckt / vnd auß ein hohen Horizont/ vnnd
den lang hineinnerspitzten Estrichen oder vierungen .l. nicht obersich
gelenget/sondern seinem natürlichen vmb vn abschnit am gleichsten/
vnd one gefelschte form fürreissen wolte/der müste die vierung .l. zuuor probiren / vnnd die mit der linie .k. nach zimlicher erhöhung des
Horizonts/zu rechter maß also abschneiden/damit der kugel jre runde auffs beste darauß gebracht werden köndte / oder aber er möchte
Mechanice/die puncten des auffzugs souil erlengen oder verkürtzen/
in massen

in maſſen bey der Figur .T. durch die fünff blindriß/die beide linien
inn jren theilen/gegeneinander erlengt oder verkürtzt ſind/damit einem jeden Corpus/auch im Augenmaß/ſein natürliche höhe vnnd
breite auffs gleichſte herauß keme.

Nun verhoffe ich/es ſey alſo von den Erdgründen/als von der
vierung .a. vnd den zweierley vierungen .l. ſo von wegen naher vnnd
ferner Diſtants/auß derſelben erwachſen (welche fürnemlich dem
brauch der Perſpectief dienen vnd anhangen) der notturfft nach/be-
richts genug geſchehen.

Jetzt volgen hernach noch zwen gründe/welche den dingen/es
ſein Gebew oder Corpora/ſo man inn die Perſpectief bringen will/
anhengig vnd verglichen werden müſſen/derſelben dich zuberichten/
ſo mercke das ein jedes ding/welches nach diſem weg in die Perſpectief kommen ſoll/erſtlich in diſe zwen gründe gebracht werden muß/
wie ich dir dann Exempels weiß in N° 4. vnd allen volgenden Figu-
ren/mancherley ding von auffrechten/ligenden/vnd geleinten/in diſen beiden gründen fürgeleget vnd beſchrieben hab/allda ſichſtu wie
ein jedes Corpus mit einer Baßlinie (welche mit .m. bezeichnet) vnterzogen iſt/darauff es mit ſeinem vnterſten punct oder baſen fuſet/
ligt oder auffſtehet/bey welcher linie muſtu allweg verſtehen/die Er-
den/einen Eſtrich/oder die vorbeſchriebene vierung .a. wie dieſelbige
gerad gegen der vödderſten ſcherpffe der linie .m. jedoch one einige breite angeſehen werden möcht/als wann du ein blat Papirs gerad gegen der dünne/one einige breite anſeheſt/vnd derhalben ſöll diſe linie
.m. fürter wo die gefunden wird/der geſtalt Eſtrich/Baſe oder Erdlinie genennet vnd verſtanden werden.

Vnd alle diſe gründe vnterthalb der Erdlinie/muſtu dir eigentlich alſo für vnd einbilden/als den platz oder rhaum/welchen ein jedes ding(als Gebew/Corpora oder anders/es ſey ecket oder rund/es
ſtehe/lige/leine/es ſey vnten/mitten oder oben/am breiteſten/es ſey
mit beiden orten/mit einem/oder nur mitten erhoben/oder wie es ſonſt
erdacht werden mag)gerad von oben herab auff einem Eſtrich/tiſch/
oder der vierung .a. Perpendiculariter bedecken würde/jwans Cörperlich were/das iſt ſein rechter Geometriſcher grund/vnnd diſen
grund nenne ich .R.

Den grund aber oberhalb der linie .m. muſtu verſtehen gleich
wie diſen/als den rhaum oder platz/welchen ein jedes Corpus oder
Gebew mit den auffſteigenden puncten ſeiner höhe vnnd breite (doch
nicht Perpendiculariter) ſondern à latre, nach der ſeiten/als an einer

C iij   auffrechten

auffrechten wand/bedecken würde/vnnd disen grund nenne ich .P.

Vnd haben dise beide gründe .R. vnd .P. gar ein ebens gleichnuß/
mit dem werck der Zimmerleut/welche erstlich alle deck vnnd böden
nach der leng vnnd breite auff ire Geometrische gründ richten/nach
art des grundes .R. Demnach ob sie wol alle auffrechte Gebew/als
Seulen/Wend/vnnd Gibel/auch niderligend zu werck ziehen/so
stehen doch gleichwol alle ire gedancken dahin/wie sich hernach im
auffrichten/solche Seulen/Wend vnd Gibel/mit Düren vnd Fen-
stern/auff die ligenden gründ schicken werden/nach art des grundes
.P. Vnd wiewol doch zu vilen dingen diser grund nicht gantz vnd volkümlich von nöten/sondern nur allein die höhe der auffsteigenden
puncten/als zum Exempel/wann ich ein Schnecken oder Stiegen
machen will/so darff ich nicht mehr von disem grund/dann nur wie
vil/vnnd wie hoch ich die Stafel haben will/soul puncten inn derselben höhe zusetzen/vnd du kanst nichts so müsams/noch so künstlichs
oder verworrens erdencken/wann du es nur inn dise zwen gründ .P.
vnd .R. bringen kanst/so hastu schon mit gewonnen/Dann solches
ferner in die Perspectief zubringen/bedarff nach disem weg/nur allein das wissen vnd den fleiß/vnd gar keiner kunst.

Vnd ob wol allerley dingen/durch fleissiges bedencken vnd für-
bilden/auch one Cörperliche Figuren allein im sinn ein gewise höhe/
dicke/leng vnd breite gegeben vnd zugelegt werden kan/so mögen doch
auch solche gar schwere vnd sehr mühsame ding/von durchbrochnen
vnd andern Cörpern/fürgenommen vnd erdacht werden/welche gar
schwerlich/one hilff natürlicher Cörpern/in ire beide gründ .P. vnd
.R. gebracht werden mögen/doch mit nichte also/das die Corpora
eben dermassen volkommen außgeschnitten/durchbrochen oder abge-
eckt sein müssen/wie du sie inn der Perspectief haben wilt/dann es
mögen allein von Kuglen vngleicher grösse/gar vil vnd mancherley
gründ/durchsichtig vnd gantz abpunctiert vnd abgetragen werden.

Aber weil ich mir in disem Wercke nicht fürgenommen hab/vil
schwere vnd mühsamme ding/sondern fürnemlich allein mein fun-
dament/vnd den weg in diser kunst zueröffnen vñ beschreiben/welchs
auch durch das allergeringste Exempel eines Cubi/oder dergleichen
nach notturfft wol geschehen kan/als dann wil ich solche mühsamme
ding denen befelhen/so mehr zeit vnd bessere gelegenheit dazu haben.

Vnd so ich nun etwas in die Perspectief bringen will/so leg ichs
zum ersten in die beide gründ .P. vnd .R. wie jetzt gemelt worden/als
dann gebrauche ich/an stat eines Erdengrunds oder Estrichs/der
erstbeschriebnen

er sei beschriebnen vierung .a. so groß das ich allerley gründ .R. der
ding so ich machen will/darauff legen/vnd die meins gefallens verrucken kan/vnnd damit ich aber nit allweg messens/zirckelns/vnd
reissens bedarff/wann ich ein solche vierung .a. haben will/so brau-
che ich der außgeschnittenen vierung .E. von Messing oder Karten-
papir/aber doch nicht allein also/das ich nur die vierung .a. darnach
reisse/sondern ich lasse den blindriß der selben/die vierung .a. selbs
sein/vnd heffte die fest auff/vnd reise dann/oder lege meine gründ .R.
darein/dann der dienst diser beiden vierung .a. vnd .E. sind gleich vnd
einerley/vnd nur allein in dem vnterschieden/das die vierung .E. be-
weglich ist/dann wann ich ein grund .R. gerissen hab/warzu es sey/
so lege ich nur die vierung .E. darumb/vnnd rucke die wie ich will/
wann ichs nun also (nach volgendem bericht) in die vierung .L. getragen hab/vnd ich wils noch auff ein andere art beschawen/so darff ich
nichts dann nur dise vierung .E. verrucken/welches mit den geriß-
nen vierungen .a. nit so leichtlich geschehen kan.

Vnd wann du auch gründe .R. hast/da vil ding auffeinander
ligen/die du auff allerley art beschawen wilt/so zeichne dieselben auff
zwey/drey oder mehr Papirlein durch/vnd schneide die (nicht ein jedes sonderlich) sondern alle auff vnd aneinander auß/damit jr auffligen gewiß vnnd vnuerruckt bleiben mag/vnnd wann du nun solche
gründ .R. inn die vierung .a. reisen/oder die außgeschnitenen mit
wachs darein hefften wilt/so darffst du dich in solchem einlegen oder
reisen/gar keines zwangs oder notfals gebrauchen/das du solche
gründ nur gerad von vorn/hinten/seitling/oder vber eck für dich ne-
men/vnd die an die Base oder Erdlinie .m. genötiget binden woltest/
Sondern weil die verruckung diser vnnd aller andern dingen/von
punct zu punct auff einem Estrich schier vncatlicher weiß geschehen
mag/demnach so rucke einen jeden grund/das er dem andern im auffziehen (von mehrer lustigkeit wegen) vngleich erscheine/du magst auch
etliche ding auff dem Estrich tieff hinein/vnnd eins theils herfür an
die Erdlinie rucken/auch also/das eins hinter dem andern herfür
scheine vnnd gesehen werde/Dann ob wol nach den gemeinen bekan-
ten Praxen/allweg die verruckte ding ein besondere vnd mehr mühe/
dann vnuerruckte/erfodern vnnd mit sich bringen/als dann bey etlicher diser kunst beschreibung zusehen/wie sie die verruckte ding flie-
hen/vnd was grossen zwangs sie gebrauchen/das etwann vil ding/
(auch wider die natur vnd art derselben) im leinen/ligen/vnd stehen/
sich gerad nach dem Principal puncten zurichten genötiget werden/
das

das aber nach difem weg nit von nöten/fondern alles eins vnnd eben
gleich gilt.

Vnd dieweil ich nun/meins herhoffens/von allen nötigen grün=
den vnd vierungen/fampt eins theils derfelben gebrauch/ genugfam
bericht gethan hab/fo will ich nun fort faren/vnd anzeigen/wie vnnd
womit/beide die Inftrument/die vierung vñ gründe/einander dienen
vnnd handreichung thun / biß die fürgenommen Corpora auß jren
gründen .P. vnd .R. in die Perspectief gebracht werden.

Aber dieweil es fich mehrmal begibt/ das zu bericht folcher ding/
der gemerck buchftaben / ziffern vnnd linien / fampt derfelben be=
fchreibung/fo vberflüffig vil gebraucht werden/das es den lernenden
offtmals mehr zuuertuncklung des verftands/dann zu erklerung der
ding gereichen will/derhalben folches zuuermeiden / will ich dich lie=
ber Lefer zuuoderft nur allein an die einige Praxen des erften kegels/
in N 5. als das geringfte Exempel/hierinnen gewiefen haben/ wel=
ches puncten allein ich dir auffs kürtzte/durch die erften drey Figurn/
von grund zu grund / biß in die Perspectief mit buchftaben vnnd zif=
fern verzeichnet vñd befchrieben hab/ vnnd mit difem aller geringften
Exempel/wil ich dir/gleichwol one allen mangel vnd abgang/zeigen
den brauch der gründe/der Inftrument / vñ die volkommene Praxen
zu allerley andern dingen/vnnd wenn du der allein war nimbft/vnd
die merckeft/fo wird dir als dann kein ding / wie mühfam oder künft=
lich das immer fein mag/auß den beiden gründen .P. vnd .R. inn die
Perspectief zu bringen verborgen fein.

Biftu ein Architectus des Maßwercks vnd der Gebew/fampt
der felben gründe/verftendig/ fo wird dir fonderlich vnd vor allen di=
fer weg vnd gebrauch der Perspectief bequem/leicht / vnd fehr dienft=
lich dazu fein/Dann da mögen allerley Gebew / fie ftehen der föder=
ften linien des Eftrichs gleich / oder find daruon verruckt / mit eben
gleicher mühe gemacht vnd auffgezogen werden/wie ich dañ das her=
nach gefetzte gebewlein/zum exempel/alfo verrucket fürgeriffen hab.

Es mögen fich auch die jenigen/ fo die bilder inn rechter proports
mit dem geuierten fchnitt/zumeffen wiffen / diefelbigen auff allerley
art (als ziehend/ligend/hinderfich / fürfich / oder nach der feiten ge=
neigt)in die Perspectief zu bringen /difes wegs gar vnnd fehr füglich
dazu gebrauchen/rc.

Von endelichem gebrauch der Gründe vnd Inftru=
ment/zu volziehung der gantzen Praxen difer befchreibung.

Demnach

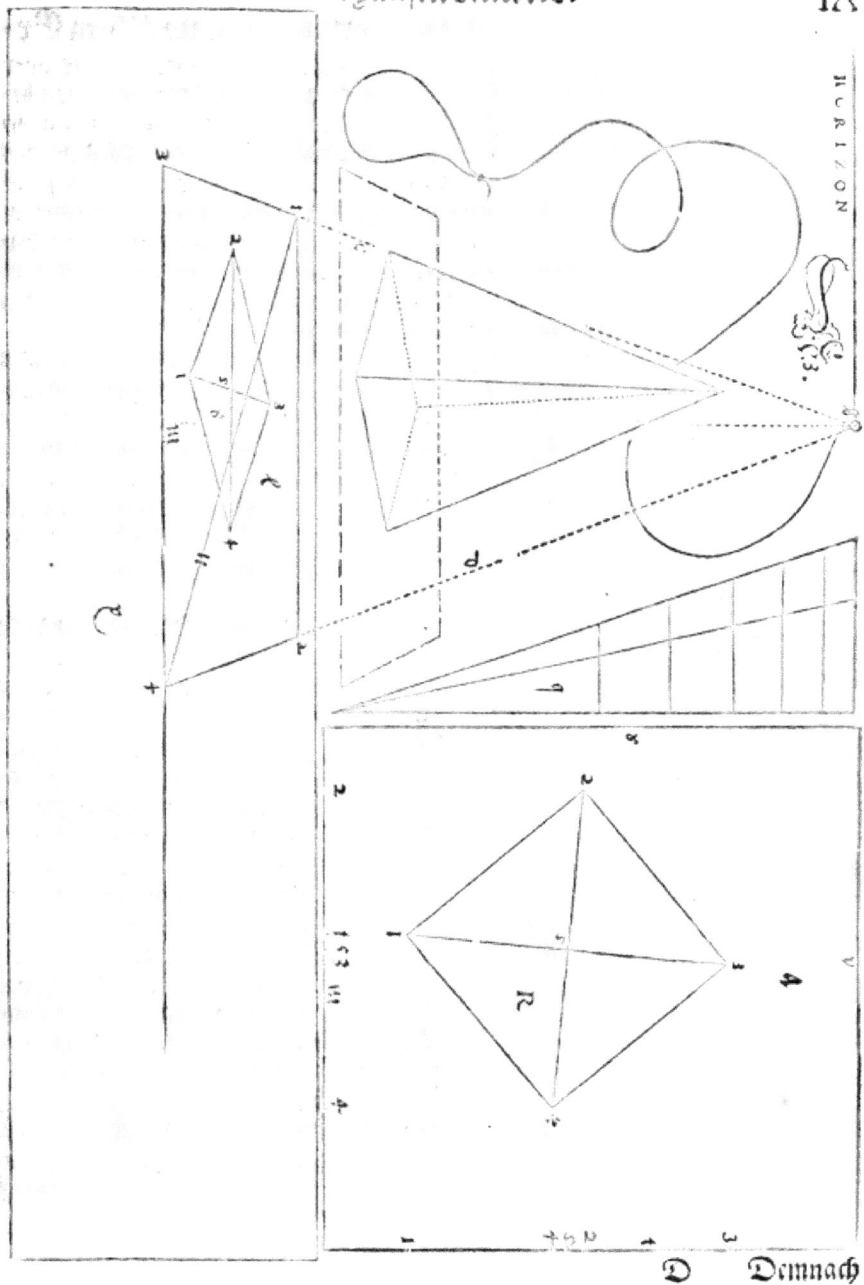

Emnach haſtu hie in N° 3. nach dem Ex-
empel erſter beſchreibung/ an ſtat eines Platzes oder
Eſtrichs ein vierung .a. 4. zol breit/ der vier linien bezeichnet ſind/mit .m. s. t. v. darauff iſt nidergelegt/on
allen zwang gewiſer ordnung/ ſondern ongeſehr/der gründ .R. des
erſten kegels/in N° 5. bezeichnet mit .1. 2. 3. 4. 5. vnnd diſe fünff
puncten hab ich (wie weit ein jeder von der linie .m. gegen der linie .v.
auff ſolchem Eſtrich drinnen ligt) außzogen/ vnnd mit jren zeichen
an die linie .t. geſetzt/ wie weit aber deren jeder vom .t. gegem .s. das
iſt/ von der rechten gegen der lincken auff diſem Eſtrich liget/ zeigen
an dieſelben puncten/mit jren zeichen in der linie .m.

Vnd dieweil nun hie vor augen two ein jeder punct/ des grunds
.R. auff der vierung .a. ſein leger hat/ ſo eruolgen demnach drey fra-
gen/in welchen/ ſo die bekant gemacht vnd auffgelöſt werden/ hafftet
vnd enden ſich alle vmbſtend vnnd beſchreibung diſer gantzen kunſt/
(diſes wegs) Erſtlich zuwiſſen wie weit nun auch ein jeder punct .R.
der vierung .a. auff der vierung .I. von der linie .m. gegen der linie .k.
Vnd zum andern/wie weit der von der linie .d. gegen der linie .c. inn
diſe vierung fallen werde/ Vnnd zum dritten (als das ende) wiehoch
der volgents erhoben werden ſoll.

Zu dem nim ich für mich ein Kartenpapir/welches von der dicke
twegen beſſer dann ſonſt ein Papir/vnd ſchneide das gerad ab .2½. zol
breit/wie dann das hiebey mit volkommener leng vnd breite/ vnd mit
.x. bezeichnet iſt/ des vnterſten abſchnit lege ich an die leiſten der Tafel .A. gegen der rechten hand/ongeſehr .5. zol vom ort/vnd heffte das
mit beiden orten faſt an/das es nicht verrucke/ vnd man ein rein Papir darauff der Kegel oder anders ſtehen ſoll/ ein wenig darunter
ſchieben kan/auff diß Papir .x. reiſe ich nun ein zwerchlinie/von der
leiſten .1½. zol/vnnd erwehle mir als dann ein vierung .I. 1. zol breit/
bezeichnet mit .1. 2. 3. 4. des linie .m. ſich mit jrer leng/ zwiſchen .3.
vnd .4. der vierung .a. gantz eben vergleicht/vnnd auch 4. zol lang
ſey/vnnd diſe vierung .I. ſetze ich auff die mittel linie des Papirs .x.
gegen der lincken hand/vnd two nun die beiden linien .c. vnd .d. vberſich
zuſamen lauffen/da ſetze ich den Augpuncten .b. auff die Tafel/ vnd
von diſem .b. gegen der lincken hand zeuhe ich die linie Horizont/ wie
das alles diſe Figur lauter anzeigt.   Yetzunder nun/die zwo erſte
fragen(das iſt das gewiſe leger diſer fünff puncten des grunds .R.)
auff der vierung .I. zuerfaren/ ſo heffte die Saiten .D. mit einem negelein in den Augpuncten .b. auff/ wie du hie in N° 3. augenſcheinlich ſehen

lich sehen magst/vnd nimm zur hand die zwen zirckel .G. vnd .H. vnnd
wann du den brauch diser beider zirckel nur bey einem punet recht faf=
seft / so hastu jren gantzen gebrauch (dißfals) inn allen dingen / wie
mühesam oder schlecht die jmmer sein mögen.

Als dann nimm das schlinglein der Saiten an den Daumen der
lincken hand/vnd setze den zirckel .G. mit dem ersten fuß in das púnct=
lein .1. (in der linie .m. der vierung .a.) vñ miß biß ins púnctlein .1. am
grund .R. dann setze jn vnuerruckt mit disem ersten fuß inn den punct
.4. (der vierung .L.) vnd setze den andern fuß in die linie .m. vnd in di=
sem niderfetzen/hebe den ersten fuß bey .4. wider auff / damit der an=
der fuß auffrecht stehen möge/dann fare mit gestrackter Saiten/ biß
an disen andern fuß des zirckels / allda halte mit dem mittel finger/
der lincken hand/die Saiten fest vnd vnuerruckt/vnnd wo disc Sai=
ten die ortlinie .n. durchschneidet / das zeigt dir nun Perspectiuischer
weiß/wie tieff auff solcher vierung .L. diser punct drinnen stehe:/also
miß mit fleiß dise tieffe/von der linie .m. biß in disen durchschnit der
linie .n. mit dem zirckel .G. so hast du die erste frag/ nemlich/die tieffe
dises puncten .1. also lege den zirckel nider / das er vnuerruckt bleibe/
dann ehe du den punct mit dem .G. auff die vierung .L. setzest/so must
du zuuor der andern frag / wie weit der von der rechten gegen der lin=
cken stehen soll / durch den zirckel .H. auch gewiß sein / Darumb so
miß nun mit dem zirckel.H. von dem punct .1. auff der rechten linie .t.
gegen der lincken/auch biß in das púnctlein .1. (des grundes .R.) vnd
setze den mit dem ersten fuß in den punct .4. der vierung .L. (wie vor)
vnd den andern fuß in die linie .m. vnnd rucke mit der Saiten biß an
disen andern fuß/vnd halt still / dann leg .H. weg / vnd nimm .G. also
vnuerruckt/wie du jn gelegt hast/vnd miß schlecht Winckelrecht von
der linie .m. biß an die Saiten/so hast du die ander frag vnnd das le=
ger dises puncten gewiß / den setz mit dem .G. also an der Saiten ni=
der/vnd also trage auch die vbrigen punct .2. 3. 4. 5. vom .a. ins .L.
so hastu den grund .R. auff der vierung .L. recht inn der Perspectief/
wie du zusehen hast / vnnd disen grund/als den fünfften/sampt allen
andern der gleichen/ nenne ich .S. vnnd wie oben gemelt/das die vie=
rung .a. vnnd .L. gleich vnnd einerley sind / also müssen auch hie die
gründe .R. vnd .S. gleich vnnd einerley verstanden werden / Dann
gleich wie der grund .R. des natürlichen Corpus Geometria ist / also
ist der grund .S. die Geometria des Perspectiuischen Corpus / wie
hoch aber nun ein jeder punct des grundes .S. erhoben werden soll/
wird das Exempel volgends mit sich bringen / Vnnd wiewol ich dise
                                              D ij   puncten

puncten des grundes .R. außgezogen/vnd in die linie .t. vnd .m. gesetzet hab/ allein darumb das du von den selben puncten der beiden linien Winckelrechts messens dabey gewonest/welche doch one das bey
keinerley dingen von nöten sind.

Vnd hiebey soltu aber das wol mercken / was für geltende puncten du mit dem zirckel .G. zum grund .S. auff die vierung .I. von der
linie .m. Winckelrecht hinein zusetzen gelernet bist/das allweg (nicht
der fuß so in der linie .m. stehet) sondern der ander (mit welchem der
geltende punct gesetzt wird) auff der rechten seiten/ gegen der rechten
hand an der Saiten bleiben muß/dann dieweil man den punct gerad
Winckelrecht von der linie .m. hinein setzen muß/ vnd aber die Saiten offtmals nach den puncten/ vber die vierung .I. schlim gezogen
wird/so mustu/ wenn der eine fuß in der linie .m. stehet/ mit dem andern offtmals vber die Saiten schreitten/ wiewol sich das nur auff
der rechten seitten gegen dem punct .4. zutregt/dann wann der punct
des .R. auff der vierung .I. nahend zu der linie .d. felt/vnd du woltest
mit beiden füssen des zirckels/auff der rechten seitten der Saiten blei-
ben/so geschechs/ das der geltende punct zu nahend bey der linie .m.
her formen bleiben/ vnnd dem Corpus einen falsch mit sich bringen
würde.

Vnd wiewol ich dir den vbertrag des grundes .R. auff die vierung .I. inn den grund .S. etwas weitleufftig hab zeigen müssen / da
doch bey vilen solchen gründen/ das wenigste diser vmbstend von nö-
ten/Als zum Exempel/wann ich etwas vom .a. ins .I. tragen will/
da etwa 10. oder 20. puncten auff eine linie fallen/ so suche ich nur
(wie jetzt anzeigt) die zwen ort puncten/ vnnd zeuhe die mit einer linie
zusamen/streckt sich dann die linie/von der linie .m. gegen der linie .k.
wie hie .1. vn .3. (des grundes .S.) so brauch ich nur den zirckel .G. im
ersten messen allein/vnd setz als bald den puncten in dise linie mit ni-
der/ligt sie aber sehr von der linie .c. gegen der linie .d. wie hie vnge-
fehr .2. vnd .4. so brauch ich nur den zirckel .H. allein/ Vnnd dieweil
ich dann gewiß bin/das dir in allem gebrauch/von anfang diser ding
biß zu irem ende/ vil vnnd mancherley vortheil selbs zur hand fallen
werden/ so hab ich allzuuil weitleufftigkeit/mit beschreibung derfel-
ben/hierinnen vmbgehen vnd vermeiden wöllen.

Vnd so du als dann die vierung .a. mit dem grund .R. des kegels
(oder eines andern Corpus) darinnen also brauchen/ das du ein jede
seitten derselben für die linie .m. halten wilt/ so wird der kegel (oder
was es sonst ist) nach der linie .m. gerad von vorn/ vnd nach der linie
.v. gerad

.v. gerad von hinten/vnd nach den linien .s. t. gerad von den ſeiten/
(wie er jetzt ligt) geſehen werden/ Vnd dieweil du nun one zweiffel ge=
nugſam verſtanden/ vnnd auß diſem Exempel gelernet haſt/wie alle
puncten der gründe .R. beide (vnd on vnterſchied) der geleinten vnd
vngeleinten ding/auß der vierung .a. inn der vierung .I. inn den Per=
ſpectiuiſchen grund .S. verwandelt müſſen ſein/ demnach wird nun
im bericht ferner hernach volgen/wie auß ſolchen gründen .S. die
Perſpectiuiſchen Cörper auffgezogen werden ſollen.

Derhalben ſo thu nun die Saiten vnnd beide Zirckel hinweg/
wann derſelben gebrauch hat hiebey ein end/dañ weder die Perſpecti=
uiſche Corpora oder Gebew den brauch des zirckels/weder mit reiſen
noch meſſen/hierinnen erfodern noch leiden mögen/wie du dann die
vrſach in fleiſſigem erwegen wol verſtehen wirſt/ob wol derſelbe/die
bogen der recht fürwertſen vnuerruckten Gebew Mechanice mit zu=
reiſen etlicher maß gebrauchet werden mag/wie du aber die bögen/
ſie ſind geſpitzt oder rund/auß rechtem grund erheben vnd auffziehen
ſolt/des wirſt du dich bey dem ring des felds .6. inn N° 4. vnnd des
bogens inn N° 8. ſampt der ſelben beſchreibung/wol zuberichten ha=
ben/ Vnd dieweil nun der zirckel Perſpectiuiſcher weiß auß ſeinem
Centro/nicht zugebrauchen ſein will/ſo eruolget darauß/das alle
Perſpectiuiſche Cörper/auch derſelben runde/anders nit dann nur
von punct zu punct/mit freyer hand/oder mit geraden linien/be=
ſchloſſen werden müſſen.

Jetzt werden nun zum auffziehen/vnd erheben der Perſpectiui=
ſchen Cörper/von nöten ſein/die beide Inſtrument .B. vnd .C. vnnd
dann der Eiſen ſtefft/zum punctirn vnd reiſen der linien/durch wel=
che die Corpora formiert werden/ Vnd damit dir aber nicht mißuer=
ſtand im gebrauch derſelben einfalle/ſo muß ich von wegen deſſen/
vnnd anders/ein wenig bey ſeits auſtretten/vnnd erſtlich anzeigen/
was ich an diſen beiden Inſtrumenten (diß gebrauchs) will gemeines
vnd gemitten haben.

Dann ob man wol nach dem ſchmalen theil des auffrechten Li=
nials .B. zwo gleiche Perpendicular linien/an der rechten vnnd lin=
cken ſeitten ziehen/ vñ das auch/zu bereitung der gründe vnd andern
dingen/an beiden ſeitten wol gebrauchen kan/ſo will ich doch inn di=
ſem gebrauch/zum auffziehen der Perſpectiuiſchen Cörper/nur al=
lein die föder ſeitten/gegen der rechten hand/gemeinet vnd verſtanden
haben/vnd die gegen der lincken hand gar nicht/vnd eben alſo will ich
auch am hültzen Linial .C. nur ſein föderſte ſeitten/darauff das löch=

D iij   lein

lein gerichtet ist/gegen der rechten hand/als das Linial .C. gemeinet
vnd verstanden haben/ vnd gar nicht das vnterste theil gegen der lincken hand/ derhalben mustu dich/ im gebrauch diser beiden Instru-
ment/ mit der Tafel gegem liecht oder tage darnach zurichten wissen/
also das dir der tag von vornen/ oder von der rechten seitten auff die
Tafel herein falle.

So mercke nun jetzund/ das das Papir .x. so an der leisten ligt/
(darauff die vierung .l. jetzt mit allen puncten des grunds .S. bezeichnet) breit ist 2 ¼. zol/ so lege nun das Instrument .B. auch an die lei-
sten/ vnd reise darauff 2 ¼. zol/ von der leisten/ ein zwerchlinie/ die sey
.a. (wie du zusehen hast an disem .B. in N° j.) vnd dise linie .a. mag
allweg dem Papir .x. (es sey breit oder schmal) gleich sein/ oder ein
wenig vberstechen/ vnd dise linie .a. soll auch anders nicht/ dann wie
die Base oder Erdlinie .m. (inn welcher aller grunde .P. vnterste
puncten eintreffen) gehalten vnd verstanden werden/ dann alles das
du machen wilt/ das auff einem Estrich auffstehen söll/ es hab an seinem grund oder Basen so vil oder wenig puncten als es wölle/ so
müssen doch alle auffrechte gründe .P. ire vnterste anfeng vnd grund-
puncten in diser linie .a. haben/ vnd von der selben auffsteigen/ es sey
gleich dise linie hoch oder nider/ vber oder vnter dem Horizont am Linial .B. es were dann das du inn Estrich vntersich faren woltest/ als
mit einer Stiegen/ so müssen die staffel/ wie hoch/ vnd wie vil der gesehen werden mögen/ von diser linie .a. abwärtz verzeichnet werden/
wie in N° 8. bey dem auffzug der Kellerstiegen zu sehen.

Als dann lege den grund .P. vnters Linial .B. also/ das sein Erdlinie .m. im hin vnd her rucken des .B. mit der Erdlinie .a. gleich ein-
treffe/ vnd mache dann den grund .P. fest/ das der nit verrucke/ darnach ruck mit dem .B. von der lincken gegen der rechten/ vnd wo es einen jeden auffsteigenden puncten des .P. anrüret/ da setz in mit seinem
zeichen auff das Linial .B. (wiewol etwan vil puncten in ein zeichen
kommen/ wie du dann in N° j. am Linial .B. dises kegels beide punc-
ten/ vnten das .a. (in welches die puncten .j. 2. 3. 4. eintreffen) vnd
oben .5. vnd auch bey den auffzügen der volgenden Figuren der gleichen zusehen hast) vnd dise puncten am Linial .B. nenne ich darumb
hierinnen den auffzug/ dieweil alle Corpora oder Gebew/ auß iren
flachen gründen .S. nach den selben erhoben vnd auffgezogen werden
müssen.

Demnach heffte nun das Linial .C. in den puncten .i. inn Horizont mit einem negelein auff/ vnd das alle mal ongefehrlich so weit/

(ein wenig neher oder ferner) nach dem der Horizont hoch oder nider
ist/ vom puncten .b. gegen der lincken hand/ als weit du hast vom
puncten . b. untersich in die Baßlinie .m. also das es einer jeden vierung .l. (welches dann am bequembsten) recht uber ort kombt/ vnnd
lege das/ das es allweg inn seinem gebrauch/ zwischen dem grifflein
des Instruments .B. vnd dem winckel bey dem .B. bleibe/vnd diß .B.
behalt auch alle zeit/wann du es brauchest/ bey der lincken hand/ neben der vierung .l. wann dise beide Linial .B. vnd .C. machen allweg
gegen der rechten hand/vnter dem Horizont/ein weiten/vnd darüber
ein engen winckel/ inn welchem winckel/wann .B. vnnd .C. ein jedes
zweimal gerucket (wie volgen wird) allzeit gewiß der rechte vnd gesuchte punct des Corpus einfelt.

Vnd auß disem ongefehrlichen auffhefften des Linials .C. hastu
hiebey abzunemen/ das nach disem meinem wege/ zu keinerley din-
gen/es sein Corpora oder Gebew/ gewise vnnd vnbewegliche punct/
principal noch accidental zum auffziehen vnnd volfüren derselben
von nöten sein/oder wie etwan von etlichen andern gebraucht werden
müssen/ sondern der principal punct/ darauß etliche als erste puncten eines Corpus gesetzt worden/ mag zu den andern/ dritten/ vnnd
vierdten puncten/ one nachtheil des Corpus/ allweg verruckt wer-
den/ Also das es geschehen kündte/ wann einer ein Corpus von
zehen/ mehr oder minder puncten machen wölte/ das er zu jedem
der selben/den punct principal verrucken/ vnnd den im Horizont neher oder ferner setzen möchte/ so würde gleichwol das Corpus/
one allen mangel/ recht kommen/ Also mag man auch zu vierungen .l. welche uber zwerch zwischen .3. vnnd .4. sehr lang sind/ zu
einem Corpus/ inn Horizont zwey Linial .C. (eins neher dann das
ander) auffhefften vnd gebrauchen/ vnd ob du gleich zur Architectur/
vnnd zum auffziehen der Gebew/ an keinen gewisen punct principal
noch accidental gebunden bist/so wirstu doch eigentlich sehen/wie alle
linien der Simbsen/beide der Basament vnd Capithel/ober vnd vnter dem Aug/inn verruckten vnnd vnuerruckten Gebewen/nach jrer
rechten art (als ob die auß einem punct gezogen)one mangel/im Horizont zusammen lauffen werden/also dergleichen auch mit den Cör-
pern/welches einzige stückle/ich (one rhum zu melden) von keinem
diser kunst erfarnen/noch inn der selben außgegangen Büchern/ biß
auff disen tag/jemals gerüret oder fürgelegt/erfaren noch vermerckt
hab/vnd so vil mehr: aber das vnglaublich/so vil wunderlich vñ mehr:
lustiger ist das/wann sichs im werck mit der that also befindet/ Wiewol aber

wol aber doch gantz vonunnöten/was auß einem principal puncten
gesetzt vnd gezogen werden kan/das man der zwen/zehen oder meh:
dazu gebrauchen solte/Vnnd auch widerumb/were es gantz vnbe-
quem/was linien der Cörpern auß den accidental puncten/gewiser
dann sonst/gezogen werden möchten (wie du bey dem bericht des Ge-
bewleins hernach vernemen wirst) das man der gerathen/vnd die nit
gebrauchen solte.

Dieweil aber mein fürgeben in dem vilen zweiffelich/vnd vieleicht
bey etlichen gar für vnmüglich gehalten werden möcht/das auß vn-
steten puncten/welche ongefeh:/allein bequemlich/nahe oder fern
gesetzt worden/einig gewiß Corpus oder Gebew/auffgezogen werden
solt/denen soll es/nach der hierinnen beschribenen Praxen/vnd auff
ire eigene erfarung befolhen sein/vnnd wann sie dann das im werck
durch rechte Demonstration/zu gutem benügen/gewiß worden/so
wird als dann die entliche vrsach desselben zubeschreiben/vnnd die
Demonstration in Figurn hierzu zusetzen/gar vonunnöten sein/sin-
temal ein jeder verstendiger die selbs leichtlich abnemen vnd ermessen
kan/Was es aber für mangel bringe/wans Linial .C. zu nahe oder
fern auffgehefftet wird/das wirstu erfaren im gebrauch vnnd abne-
men/können auß dem Exempel vnd gleichnuß der vier vbereinander ligenden Creutzlinien .K. vnd .L. in N° 9. dann ob wol die beiden linien .L. gar nit meh: aufligens haben/dann die zwo linien .K.
so ist doch das mittel Creutzpünctlein im .K. gewiser/dann im .L. zu-
erkennen/rc.

Jetzt magstu nun ein rein Papir/darauff der kegel oder anders
stehen soll/ein wenig vnter das Papir .x. schieben/vnnd das fest ma-
chen/das es nicht verrucke/vnnd so du das sauber behalten wilt/so
magst du ein dünnes Linial oben darüber gehen lassen/vnnd das an
beiden orten auff die Tafel hefften/damit das Papir vom Linial .B.
im hin vnd her rucken/desselben/wie dann mit mühesammen dingen
entlich geschicht/nit gemackelt werde.

Nun will ich dir jetzt gantz kurtz/vnd mit einem punct am grund
.S. disks kegels zeigen/wie gering vnnd leichtlich du alle puncten/zu
allerley dingen/auß dem grund .S. inn die Perspectiuische Cö:per
bringen kanst/vnd soll der punct .z. der erste sein.

So setze nun den Eisen stefft gerad auffrecht in den punct .z. vnd
rucke das Linial .C. biß an den stefft/da halts mit ein finger stet/vnd
setze den stefft inn den durchschnit der linie .m. an das Linial .C. da
halt in stet/thu dann das .C. hintersich/vnd rucke das .B. biß an den
stefft/

stefft/da halts/vnd setz den stefft auffs Papier/an die Erdlinie .a. des
Linials .B. vnnd halt den also still/vnnd ruck das Linial .B. zuruck/
recht auff den punct .1. da laß es stet/vnd rucke das .C. wider an den
stefft/wo nun das .C. das .B. durchschneidet/in disen winckel felt der
rechte Perspectiuische punct .1. den setz also mit dem stefft nider / vnd
so du wilt/darffstu den nit durchtrucken / dann wenn du mit der spitz
des steffts ein schwartze kreiden ein wenig berürest/so mögen alle geltende puncten vndurchgestochen / lauter vnd sichtig auffs Papier gesetzt werden/vnnd eben gleich also setze auch die vbrigen drey punct/
als .2. 3. 4.

Vnnd damit dir lieber Leser/an sattem bericht nicht mangle / so
will ich dir noch zu einem Exempel den mittelpunct .5. als die spitz
des kegels/auch wie disen beschreiben/So setze nun den stefft auff den
punct .5. rucke das .C. an den stefft/da halts/vnnd setze den stefft ans
C. in die linie .m. rucke dann das .C. hintersich/vnd rucke das .B. biß
an den stefft / vnd trucke das mit ein finger der lincken hand nider/
vnnd setze den stefft fein lind auffs Papier an den obern punct .5. des
Linials .B. da halt in still / dann rucke das .B. hintersich / recht auff
den punct .5. vnd das .C. wider an den stefft/wo nun das .B. vom
C. durchschnitten wird/in disen winckel setze mit dem stefft den punct
.5. dann zeuhe die puncten .1. 2. 3. 4. vnd .5. wie sich zimpt/zusam-
men/so hastu disen kegel recht in der Perspectief/wie du am Exempel
zusehen hast.

Vnd so du aber die punct .1. 2. 3. 4. des grundes .S. nach dem
punct .5. auffm .B. erhebst/vnd den mittel punct .5. nach der Erdlinie .a. so wird diser kegel gestürtzet/recht auff dem spitz stehen/ Vnnd
wenn du die leng einer seitten des grundes .R. auffs Linial .B. setzest/
(also das .1. ins .a. vnten/ vnd .2. in seiner rechten höhe oben kombt/
vnnd erhebst dann die punct des grundes .S. 1. 2. 3. 4. einmal nach
der Erdlinie .a. vnd einmal nach dem punct .2. so hastu ein gerechten
Cubus/ Ferner wann du die drey punct .1. 5. 3. des grundes .R. auffs
B. setzest/also das .3. in den vorgesetzten punct .2. vnd .5. vnd .3. auff-
werts kommen/vnd erhebst dann den punct .5. des grundes .S. einmal mit .2. vnd einmal mit .3. am .B. vnd die vier punct .1. 2. 3. 4.
des grundes .S. mit .5. am .B. so hastu das Corpus regulare mit
den acht Drianglen/recht mitten auff dem Cubus stehen.

Vnd also mögen fast alle ding/als Corpora/Gebew/vnnd anders / auß dem grund .S. allein mit verrucken/hoch vnd nider setzen
der puncten/am auffzug .B. vnentlicher weiß/vnd on alle mühe new-
E   gemachter

gemachter gründe .P. R. vnd .S. gar gering vnd leichtlich verwan-
delt/vnd gar mancherley kurtze vnnd seltzustige veränderung damit
gebrauchet werden/ vnnd sonderlich wann die linien des grundes .S.
zuuor mit etlichen puncten auß dem grund .R. zertheilt sind/vnnd
wann du nun mit dem auffziehen vnnd erheben der puncten so weit
kommen bist / das du das Linial .B. vom stefft wider hintersich auff
den punct ruckest / den du erheben wilt / so möchtestu als dann (so du
woltest)mit zuthanen augen das Linial.C. an den stefft rucken/vnnd
den geltenden puncten in seinem winckel blindtlich setzen / vnd also die
erstberürten sechs stücklein biß hero in der warheit erfaren haben.

Wiltu nun dem kegel seinen Estrich/darauff er stehen soll / auch
auß der vierung .L. recht legen / so rucke nur das .B. auff die beide
punct .3. vnd .4. der vierung .L. vnnd setze die beide mit dem stefft bey
der Erdlinie .a. auffs Papir nider / so hastu zwischen disen beiden
puncten/die newe Erdlinie .m. aber die beide punct .1. vnnd .2. diser
vierung .L. mustu erheben / nach dem vntersten punct der linie .a. am
.B. wie die vntersten vier punct des kegels/so hast du seinen newen
Estrich/vnd den kegel darauff/frey lauter vnd ledig inn der Perspec-
tief/one einige vergebliche linie/riß/vnnd puncten (wie du hie lauter
vor augen zu sehen) vnd ich das inn meinem ersten hieuon außgegan-
genen Tractetlein vermeldet hab/wann du aber die Erdlinie .a. am
Linial .B. herab ruckest/das sie der Erdlinie .m. an der vierung .L.
gleich kombt / so wird ein jedes Corpus auff seinem grund .S. auffstehen.

Nun mercke aber auch/wann es sich begibt/das die puncten des
grundes .S. so nahend zu dem obern punct .2. der vierung .L. kommen
oder gar darein fallen würden/ vnnd du die mit dem Linial.C. vnnd
dem stefft inn der linie .m. suchen woltest/das es eben gleich gilt/ob
das .C. die linie .m. zwischen .3. vnd .4. oder gleich ausserhalb .4. gegen der rechten hand/durchschnitte/dann dise zwo linien/als der Horizont vom puncten .b. gegen der lincken/vnnd die Erdlinie .m. vom
puncten .3. auch vber die .4. hinauß gegen der rechten/behalten alle-
zeit/die gesuchte puncten zwischen inen/in gleicher wäge/das versiche
also/wann du einen punct zwischen die linie Horizont vnd die Base
oder Erdlinie .m. ins mittel setzest / so kan als dann kein linie/sie sey
kurtz oder lang/ vom Horizont inn die Base / durch disen punct gezogen werden/die nit mit jrem mittel den selben berüren wird/ vnd also
auch/wann du den punct den dritten/vierdten/oder einen andern vn-
gewisen theil/höher oder niderer setzest/ so mag des gleichen auch kein
linie

linie vom Horizont inn die Baßlinie .m. durch diſen punct gezogen
werden/die nicht mit jrem dritten/vierdten/oder vngewiſſen theil jrer
leng/den ſelben berüren wird.

Vnd wiewol das nun / durch beſchreibung der Inſtrument / der
gründe/vnd der ſelben gebrauch/biß hero der kegel / als ein Exempel
der ordnung nach/aller andern ding in die Perſpectief gebracht worden / So hab ich doch nicht vnterlaſſen mögen / von wegen allerley
notwendigen berichts / offtmals außzuſchweiffen / vnnd aller ding
vrſach anzuzeigen / alſo das dich vieleicht die Praxen (welche an
ir ſelb ſeh: kurtz) durch ſolche weitleufftige vmbſtend lang vnnd tun-
ckel ſein/beduncken möchte/Demnach vnnd damit dir ja an lauterm
vnnd ſatem bericht diſer ding nichts manglen ſoll / ſo will ich dir die
Praxen vnd ordnung wie der Kegel in die Perſpectief gebracht wor-
den/noch durch zwey Exempel kurtz vnd lauter beſchreiben/vnnd im
Figur für augen legen / alles was biß hero nach der leng beſchrieben
vnd gelernet worden iſt.

Erſtlich reiſe für dich/an ſtat eines Eſtrichs/ein vierung .a. vnd
darein den grund .R. des Corpus ſo du machen wilt/dann heffte auff
die Tafel .A. das Papir .x. darauff reiſe ein vierung .l. der lengſte
linie .m. zwiſchen .z. vnd .4. ſich mit jrer leng eben vergleiche der vierung .a. vnd wo die zwo kürtzte linien .c. vnd .d. der vierung .l. mit
jrer veriüngung vberſich zuſamen lauffen/dahin ſetze den Augpunc-
ten.b. vnd von dem ſelben/ gegen der lincken hand/zeuhe die linie Ho-
rizont/in diſe linie ſetze/nach obbeſchriebner maß/den puncten .i. als
dann heffte die Saiten .D. mit einem negelein in den puncten .b. vnd
trage dann mit den zircklen .G. H. den grund .R. auß der vierung .a.
in die vierung .l. dann thu die Saiten vnd beide zirckel hinweg/ vnnd
heffte das Linial .C. in puncten .i. im Horizont auff/ dann verzeichne
die auffſteigende puncten der gründe .P. auffs Linial .B. nach denen
du den kegel vnd andere Corpora auß jren gründen .S. erheben vnnd
auffziehen magſt/wie du das alles oben nach leng vernommen haſt.

Vnd zum andern/wann du der erſten Figur/inn Nᵒ .j. mit fleiß
warnimbſt / ſo wirſtu augenſcheinlich / aller diſer beſchreibung/ ein
weſentlich vnd volkommen Exempel in Figur fürgelegt/zu ſehen ha-
ben/dann da findeſtu zu dem Corpus regulare / mit den acht drianglen/alle notwendige vierung/ gründe / linien vnd puncten/ alſo/das
man nicht eines mehr darzu bedarff/ als erſtlich im .E. ein vierung
.a. darinn die gründe .P. vnd .R. vnnd dann gegen der rechten hand
die Tafel .A. darauff ein blat Papir/oben darüber ein Linial/vnten

drauff das Kartenpapir .x. mit der vierung .L. vnnd dem grund .S.
(des Corpus) drinnen/darauff das Instrument .B. mit den auffsteigenden puncten .a.z.z. vnd auff disem/das Linial .C. angehefft-
tet/in der linie des Horizonts/vnd dann auff dem Papir das außge-
machte Corpus/also das du mein gantzes fundament/in diser ersten
Figur/lauter vnnd klar vor augen sehen magst/dann wie klein dise
Tafel vnd Instrument darauff angezeigt sind/so mögen doch allerley Corpora/von solcher grösse/vnd grösser/raumlich drauff/vmnd
mit gemacht/vnd zu weg gebracht werden.

Vnd hiemit hastu nun/freundlicher lieber Leser/das klein vnnd
geringe Pfündlein/Lot oder Quintlein/mein fundament vnd weg in
diser kunst Perspectiua/so vil oder wenig mir Gott dessen gegeben
vnd vergönnet hat/darauß du zu sehen hast/das diser Kunst gantzes
thun vnd wesen/nach hierinn angezeigtem wege/haffte vnd bestehet/
fürnemlich allein auff disen dreyen puncten.

Erstlich/wie man allerley Corpora/ligend vnd leinet/auch Ge-
bew/oder was man will/in die beide gründ .P. vnd .R. bringe/vnnd
an disem ersten stück allein/will das nachdencken/vnd auch nach erheischung mühesammer ding/etwas kunst gelegen sein.

Das ander/wie man alle gründe .R. auß der vierung .a. auff
die vierung .L. in den grund .S. vbertragen soll/vnd dises kan geschehen one alle kunst/sonder es bedarff nur allein wissens mit geringer
mühe.

Das dritte aber/wie man ferner alle dise punct/des grundes .S.
inn die Perspectiuische Cörper bringe/vnnd das bedarff allein den
fleiß/damit in den puncten nicht geirret werde/dann so bringt es nur
lust vnd lieblichkeit/dieweil da kein verlorner punct gesetzt/noch kein
vergebliche linie gezogen werden darff/vnd das so mancherley gantz
vnterschiedliche Cörper/auß einem grund zubringen sein.

Vnnd wiewol ich nun nicht zweifel/das ein jeder verstendiger/
auch der so nur ein wenig in diser kunst geübt/ime zu seinem fürhaben
allerley Geometrische gründe .P. vnd .R. es sey zur Architectur/Ge-
bewen/Colonen/Schnecken/Cörpern/auffrechten/ligenden/leine-
ten/gewundnen/durchbrochenen oder gantzen/gebognen/geschrenck-
ten/durcheinander gestochnen/vnnd dergleichen dingen/nach aller
notturfft wol zu bereiten wissen wird/wie dann/zu bereitung solcher
gründe/mererley weg gebraucht werden mögen/wie du auß volgenden exemplen zum theil sehen magst/So hab ich doch/zum vberfluß/
vmb der anfahenden willen/vnnd denen so lieb vnd dienst hiemit geschehen

schehen mag / die noch nit bessers wissen / zu merer anleitung noch etliche gründ .P. vnd .R. von auffrechten / ligenden / vnd geleinten dingen / in den siben nachuolgenden Figuren / fürreisen / beschreiben / vnnd
zuen damit zu allerley dingen den eingang bereiten wöllen.

Bad hab in dem / meins verhoffens / alle linien vnnd puncten der
belder gründ .P. vnd .R. erstlich mit ziffern vnd buchstaben / biß zum
vberfluß / so deutlich vnd lauter auffeinander gefüget / das one zweiffel ein jeder / auch geringes verstands / nachuolgend gar leichtlich sehen vnd mercken / vnd auch das alles durchs Instrument .B. gewiß
probieren kan / wo ein jeder punct des auffrechten grunds .P. auff seinen punct / des ligenden grundes .R. fusset vnd zusaget (allein müssen
zuuor alle solche gründe auff sondere Papirlein durchgezeichnet werden / damit du die vnter dem Linial .B. darnach rucken / vnd ir zusammen treffen sehen kanst) dann so bald du das ergriffen vnd verstanden
hast / so wirstu zugleich auch damit innen werden / das du nit die sechste / achte / oder zehende Ziffer / oder Buchstaben / deren so die jetzigen
gründ vnd auffzüg mit bezeichnet sind / zu der gleichen dingen bedürffen wirst / wiewol sich offt begibt / das vil punct des grundes .P. auß
einem punct des grundes .R. gezogen werden / wie dann auch offtmals gar vilen puncten des grundes .R. inn einem erhobnen punct
des grundes .P. ir höhe vnd abschnitt genommen wird / dann wo darinnen gefehlet / so mag das fürgenommen (es sey Corpus oder Gebew) zu keiner richtigkeit gebracht werden.

Auff das ich dir aber noch etwas anleitung von den beiden gründen .P. vnd .R. thun möge / so hab ich in der vierdten Figur / vnnd vol-
gent eines jeden Corpus beide gründ .P. vnd .R. in ein sonderlich feld
verzeichnet / die velder zum theil mit .1. 2. 3. zc. numerirt / damit du
wissest / auff welches Corpus ein jeder bericht gehet.

Ferner sind alle solche velder / welche die gründe .P. vnnd .R. inhalten / mit einer Erdlinie .m. durchzogen / auff welcher linie ein jeder
auffrechter grund .P. mit seinem vntersten puncten oder Basen auff-
fasset / auch sind auff jeder solchen linie / neben dem grund .P. eines jeden derselben Corpora auffzüg / oder auffsteigende puncten / auß den
selben gründen .P. gezogen / inn rechter höhe / wie die auffs Linial .B.
gesetzt werden sollen / zur lincken / auch eins theils zur rechten hand
dazu verzeichnet / vnd ob ich wol nur allein die gründe vnnd auffzüg
der ersten velder / inn N° 4. vnd .5. mit iren buchstaben .B. P. vnd .R.
verzeichnet hab / so wirstus doch bey eim jeden / der volgenden velder /
ober vnd vnter der linie .m. dergleichen auch wol zuuerstehen wissen /

E iij   vnd

vnd iſt vnterhalb diſer linie .m. eines jeden derſelben Corpora ligen-
der oder ſeineter gründ .R. nidergelegt/ wiewol doch viler ding gründe .P. vnd .R. gleich ſind / vnd der auch vil miteinander verwechſelt/
das .P. fürs .R. vnnd das .R. fürs .P. genommen werden kan/ wie
dann das im veld .j. 6. vnd .8. in Nº 4. vnd anderſwo mehr geſchehen mag/ vnnd alle diſe gründ .R. wie die hernach inn allen Figuren
fürgeriſſen vnd beſchzieben wozden / mögen (inn maſſen wie die ſind)
auff die vierung .a. vnd .l. gebzacht/ vnd mit jren auffzügen zu auß-
fertigung der ſelben Corpora one mangel gebzaucht werden/ ſo du
aber die gründe .R. gebzauchen/ vnd die nit gern durchſtrechen wilt / ſo
kan das gar wol geſchehen/ wann du die vierung .E. darumb legeſt/
vnd die gründe darauß abmiſſeſt/ wie du oben vernommen haſt.

Du wölleſt aber auch das wiſſen / ob wol die gründe .R. der geleinten vnd vngeleinten ding/ zu gleich auff der vierung .a. beide verruckt vnd gewendt werden mögen/ wie du wilt / das doch jre zugehörige puncten am auffzug allzeit vnuerendert bleiben müſſen / Vnnd
mercke auch das / was für puncten du inn volgenden Figuren (von
kürtze wegen) auß dem geund .R. zuerheben vnd auffzuziehen geheiſ-
ſen wirſt / das ſolches anderer geſtalt nit verſtanden werden noch geſchehen ſöll/ dann wann der gründ .R. nach obenangezeigter regel/
zuuoz in den gründ .S. gebzacht wozden iſt.

Jetzt bolgen hernach mancherley Exempel
von gründen P. vnd R.

Vnd

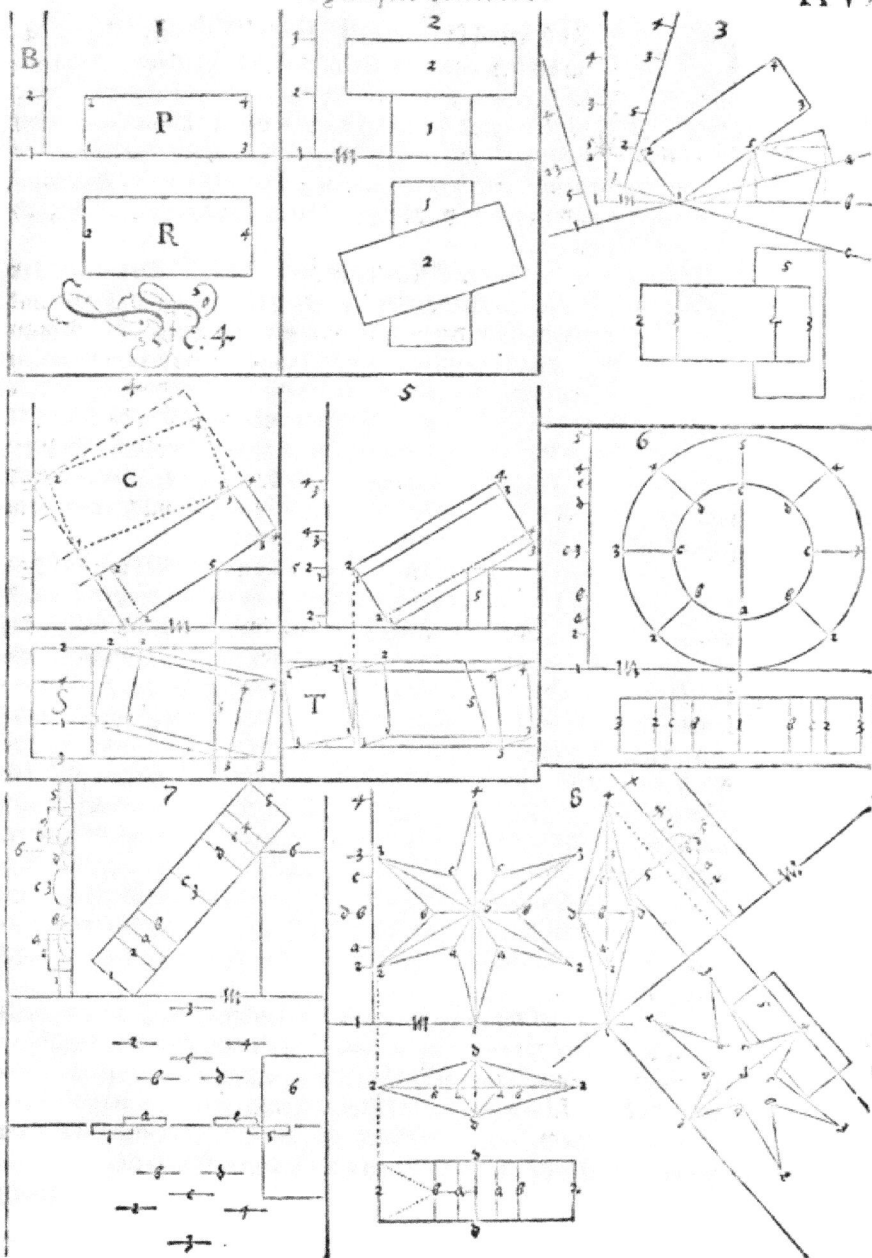

Nd zum ersten hastu hie zusehen inn N°. 4.
im veld .1. nach dem grund .P. ob der Erdlinie/ein ab=
langen geuierten stein / mit seiner leng vnnd dicke/one
breite / vnnd den selben vnter der Erdlinie/nach dem
grund .R. mit leng vnnd breite/one dicke/ dann welches
sich inn einem grund verbirgt/es sey lenge/dicke/oder breite/das muß
im andern grund zugelegt/vnd merertheils von allerley dingen/auch
also verstanden werden.

Im veld .2. sind zwen Stein/nach dem grund .P. obererhalb der
linie .m. creutzweiß auffeinander ligend/angezeigt/da es doch mit
solchen vnd allen andern dergleichen dingen eben gleich gilt/ob man
die im grund .R. anders vnd schreg auffeinander verruckt/wie hie zu
sehen/derhalben thut auch gar nicht von nöten/das du einige solche
ding/es sey was es wöll/auff die mühesambste weiß/als verruckt
oder vbereck/inn die beide gründ .P. vnd .R. bringen woltest/sondern
auff den leichtesten weg so du immer kanst/dann alles verrucken vnd
wenden/derselben kan hernach auff der vierung .a. nach all deinem
gefallen/leichtlich vnd on alle mühe wol geschehen.

Vnd weil ich dann nicht zweiffel/das du auß dem Exempel des
kegels/vnd diser bißhero genugsam verstanden/wie leichtlich vnnd
one sondere kunst/allerley solche ding/die im ligen vnnd stehen ein
ebnes auffligen vnnd abschnitt haben/inn ire gründ .P. vnnd .R. ge=
bracht/auch wie der selben gründe .R. inn der vierung .a. auff aller=
ley art verruckt/neben/hinter/oder auffeinander gelegt werden mö=
gen/so wil ich ferner nur noch etwas von den geleinten dingen/sampt
der selben gründe/hernach berichten/inn welchen gründen aber die
Corpora/von wegen waltzens/auch hoch vnnd nider seiens/on alle
maß vnendliche verenderung mit sich bringen/Derhalben dieweil
dann das anleinen vnd allerley verwandlung desselben gründe zu=
beschreiben vnmüglich/so will ich doch verhöfflich durch etliche we=
nig Exempel einem jeden so nit mehrers weiß/allerley ding nach sei=
nem willen vnd begeren darauß zuschöpffen/hierinnen genugsamme
anleitung geben.

Dann ob wol die gründe .R. der geleinten ding gleich/wie auch
die andern auff die vierung .a. nach eines jeden gefallen eingelegt/
verruckt/vnd nach iren auffzügen erhoben werden mögen/so eruol=
get doch die vilfeltige vnd meiste verenderung der selben gründe/für=
nemlich auß dem/wie die Erdlinie .m. den Corpern hoch oder nider
vnterzogen wird/wie du sihest im feld .3. einen Stein mit drey Erd=
linien

linien vnterzogen / vnnd mit dreyerley Steinen eines anligens auff
den drey linien vnterlegt/auff der linie .a. leinet er am nidersten/ vnd
etwas höher auff der linie .b. vnnd noch höher auff der linie .c. vnnd
sind gegen der lincken hand auff jeder linien die auffsteigenden punct/
des auffzugs .B. der beider Stein dabey verzeichnet / aber dise beide
Stein sind im grund .R. nur nach dem erheben auff der linie .b. ni=
dergelegt.

Im feld .4. ist diser Stein in seinem anligen/oben nur ein wenig
fürsich herauß gerucket / also das er nit mehr auff der scherpffe / son=
dern nur gegem vordern eck .1. auffstehet/wie vil er aber mit dem hin=
tern eck .2. vom Estrich erhoben ist / das sichstu am grund .P. beim
vntern pünctlein .2. vnd seine verruckung erscheint/ an der blinden
vierung .C. so oben auff den stein oder grund .P. gesetzet/darinn die
leng vnd breite dises steins /mit .1. 2. 3. 4. bezeichnet / vnd auß der di=
cke/welche neben dem grund .R. mit.S. signirt ist/ vnd weil die ziffern
der beiden leger dises steins topelt sind / so magstu die vntern von den
obern mit pünctlein mercken/damit sie dir am auffzug (dieweil sie in=
einander treffen) nicht irrthumb bringen / den stein .5. des anligens/
magstu im grund .R. so lang oder kurtz lassen als dir gefelt.

Im feld .5. ist diser stein nicht fürsich gerucket / sondern nur ge=
waltzet/also das sein hinters eck .2. gleich dem jetzt beschriebnen vier=
ten stein erhoben ist / vnnd so diser beider stein gründe .R. auff die vie=
rung .a. gleich einbracht werden / so kommen sie auch im auffziehen
gantz gleich/ob sie wol/nach zweierley wegen/in den grund .R. nider=
gelegt sind/wie vil er aber obersich gewaltzet / das zeigt dir eigentlich
an sein dicke/welche neben dem grund .R. mit .T. bezeichnet/vnnd ist
der auffzug diser beiden stein gantz gleich/vnd dieweil diser stein ober=
sich gewaltzet/ so sichstu wieuil der stein 5. des anligens/hinnach ge=
rucket werden muß/so er wider gantz aufffligen soll.

Im feld .6. hastu ein geuierten ring / vnnd daneben all sein auff=
steigende punct/ da merck wie vil puncten du auß jedem ort der be=
zeichneten linien des grundes .R. erheben must / dann auß beiden or=
ten der linie .1. erhebstu .8. punct/als .1. a. e. 5. bey jedem zwen/vnnd
auß jeder linie .b. erhebst du vier punct/zwen .b. vnd zwen .d. vnnd
auß jeder linie .2. auch vier / zwen .2. vnnd zwen .4. aber die acht
punct/auß den zweien .3. vnd zweien .c. erhebst du alle mit dem mit=
telpunct .e. 3. wie du am auffzug daneben zusehen hast / dann zeuhe
die runde dises rings von punct zu punct/nach außweisung seiner
zeichen/zusamen.

F   Im

Im feld .7. leinet diser ring / bezeichnet mit seinen inwendigen
buchstaben / vnd mit den eussern ziffern / so hab nun acht auff die mittel linie des grundes .R. inn welcher die acht puncten .1. a. e. 5. nider
fallen / wie fern aber von diser linie zu beiden seiten die linien .2. 3. 4.
vnd .b. c. d. niderfallen / das magstu messen nach der mittel linie des
rings im feld .6. nun hat ein jede diser linien zwen / ein hohen vnd ein
nidern punct / wie du bey dem auffzug sehen magst / da allweg zwen
punct / zum vnterschied der buchstaben vnd ziffern / mit geraden vnnd
krummen linien zusamen gezogen sind / welche offtmals / sehr genaw /
vnd in etlichen auffzügen / nach den gründen .P. wol gar in einander
treffen / des man denn eben warnemen / vnnd die fleissig bezeichnen
muß / vnd wie du nun den grund .R. dises rings / mit dem stein .6. sei-
nes anleinens / auff die vierung .a. einlegen wilt / so mercke nur / das
allweg die nidersten püncktlein des auffzugs inn den orten der linien
gegen dem stein .6. des anligens fallen / vnd darauß erhoben werden
müssen / wie du aber die runde dises rings von punct zu punct zusammen ziehen solt / das wirstu dich auß seinen zeichen vnd dem ring / inn
N°. 6. wol zuberichten haben / Vnd es mögen aber auß disen dreyen
gründen .P. vnd .R. des felds .6. vnd .R. des felds .7. (also vnenren-
dert) so vil vnnd mancherley bögen / bogend:ümmer / gelegt / hinter sich
vnd fürsich geleint / seitling / obersich / vntersich gestürtzt / auffgezogen
werden / wie du im brauch erfaren wirst / also das das wenigste dauen
zubeschreiben verdrießlich sein wölte.

Im feld .8. volgt erstlich / nach dem grund .P. ein gantz fürwertser
Stern / vnd daneben all sein auffsteigende puncten (gerad darunter)
nach dem grund .R. zwen seitlinger / inn der einem sich die linien vom
mitlern punct in spitz / vnd im vntern in scherpffe oder gespaltene spitz
ziehen / allein mercke / das du auß dem punct .1. auch die .4. vnnd auß
dem punct .a. auch das .c. vnd auß dem .2. auch die .3. (die .b. aber
eintzig) erheben vñ auffziehen must / vnd neben disem vorwertsen stern
zur rechten hand / sihet sein auffrechter grund nach der seitten / welcher mit einer schlimmen Erdlinie .m. zum leinen vnterzogen ist / wie
vil sich aber nun ein jeder punct auff seinem leineten grund / zwischen
den puncten vnd linien .1. vnd .4. verkürtzt / vnnd wo ein jeder punct
nach der leng hinfelt / das wird dir das Linial .B. eigentlich zuuerstehen geben / wann du das gerecht auff die linie .1. legest / vnd das gegen der linie .4. fort ruckest / die breite aber / wie weit ein jeder punct
von der mittellinie .1. vnd .4. zu beiden seitten nider felt / mustu messen nach der mittellinie / des vorwertsen sterns / den auffzug aber dises
geleinten

geleinten ſterns/ſampt dem ſtein .5. des anligens / findeſtu auff der
ſchlimmen Erdlinie/gegen der rechten hand/doch müſſen die puncten
des auffzugs daſelbſt / gleich den andern auffzügen / auff die andern
ſeitten gewendt werden / vnd ſo du diſer ſtern drey gegen einander leinen wilt / ſo zeichne diſen leineten grund .R. durch / das du der drey
haſt /vnd lege ſie in die vierung .a. alſo das die pünetlein .3. juſt zu-
ſammen treffen / als dann erhebe einen wie den andern / nach jrem
auffzug/alſo magſtu auch mit dem ring. 7. vnd allen andern geleint-
ten dingen thun / der zwey / drey oder mehr gegen / oder voneinander
leinen.

Exempel von Gründen
P. vnd R.

E ij　　　Jetzt

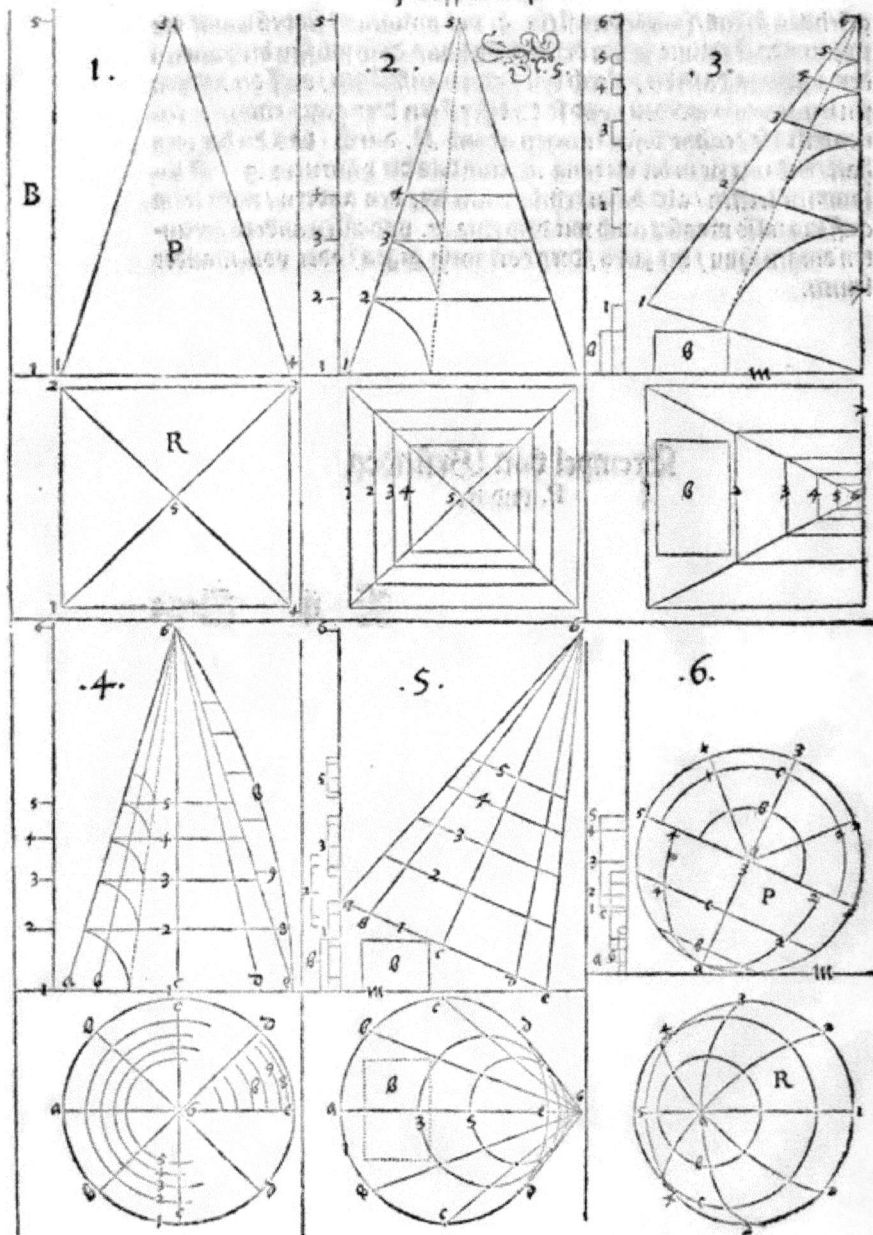

Etzt volge die fünffte Figur N° 5. in wel=
cher der erste kegel oben als ein Exempel nach aller not=
turfft fürgelegt/vnd genugsam beschrieben worden ist.
Der kegel .2. zeigt an wie ein jedes dergleichen ge=
spitztes Corpus/nach seiner verjüngung/inn gleiche
theil geschnitten werden mag/je neher aber die blindlinie zum puncten
.1. gerucket wird/je kleiner auch die theil vñ der schnit des kegels wer=
den muß/vnd so du aber den schnit groß/vnd noch grösser haben wilt/
so magstu die blindlinie neher ins mittel/oder gar darüber rucken/
wie du bey dem volgenden kegel .3. zusehen hast.

Den kegel .3. hab ich geleinet/vnd den schnit daran in desto grö=
sere theil gemacht/damit die auffsteigende punct am auffzug lauter
bleiben/vnd nicht ineinander treffen/vnd dieweil er nur schlecht vier=
ecket ist/vnd mit der scherpffe vnter .7. volkümlich auffstehet/so wer=
den auß jeder vierung des grundes .R. zwen gleich hohe/vnnd zwen
gleich nidere punct/nach anzeigung des auffzugs erhoben/vnnd alle
hohe punct am .B. müssen auß den zweien ecken der bezeichneten li=
nien 1.2.3.4.5. vnd die nidern/sampt dem spitz/auß der linie .7. des
grundes .R. auffgezogen werden.

Der kegel .4. ist gantz rund/vnnd wenn sein blindlinie neher ans
ort gerucket/vnd die theil/vnd schnit auffwarts nach dem grund .P.
kleiner gemacht werden/das auch sein grund .R. in mehr theil als 12.
16. oder 24. getheilt wird/so mag durch verenderung vnd rechte ord=
nung der puncten am auffzug/so vil vnnd mancherley/wunderliche/
frembde/vnterschiedliche/vnnd seltzame ding/als gerad/vnten/mit=
ten/oder oben einzogen (nach art des Meerschnecken) Item/hole/ge=
schraufte/geschrenckte/durchbrochen/oder gantz/auß disem einigen
grund also vnuerendert auffzogen/vnd inn die Perspectief gebracht/
vnnd den Cörpern so mancherley schnit/als ecket/gespitzt/glat vnnd
scharpf gegeben werden/das dauon kein maß noch end zuerlangen
ist/wie du oben das ein wenig bey dem Exempel des ersten kegels ver=
mercket hast/welches dir vieleicht one eigene erfarung vnglaublich
sein wird.

Vnd wenn du aber die gründe .P. solcher kegel mit krummen li=
nien (als die linie .b. ist) machen wilt/sie sind ein oder außwarts/
vil oder wenig gebogen/so magstu dich die auffsteigende theil solcher
kegel zusuchen/für die blindlinie dises wegs gebrauchen/Miß die len=
ge der linie/zwischen .c. vnd der mittellinie bey .3. die gebe dir die höhe
obersich/zwischen .c. vnd .8. dañ miß zwischen .8. vnd der mittellinie

bey .2. das gibt dir die höhe zwischen .8. vnd .9. rc vnd so fortan / wie
die Figur in N° 3. mit .q. signirt außweist / doch mögen solche ding
verlängt oder gleich getheilt werden / wie ein jeder will.

Der kegel .5. ist rund vnd geleint / vnnd damit du eigentlich sehen
magst / wie vnd wo die abschnit des grundes .P. auff die puncten der
zirckellinien des grundes .R. fussen vnd zusagen / so habe ich die zwen
abschnit / als .2. vnd .4. nit in die zirckellinie des grundes .R. bringen
wöllen / auff das die drey abschnit .1.3.5. im grund .R. mit jren puncten vnnd linien desto lauterer mögen gesehen werden / dann wann du
das verstehest / so magstu als dann den kegel nach der höhe vnnd vber
zwerch / in so vil theil zerschneiden als du wilt / Den auffzug dises kegels hab ich auch lauter gelassen / vnd nur die abschnit .1.3.5. mit den
auffsteigenden puncten / darauff bringen wöllen / dieweil dir .2. vnnd
.4. in etlichen puncten eintreffen / vnd irrthumb bringen möchten / wie
du bey .2. neben am auffzug sehen kanst / vnnd hat ein jeder abschnit
des grundes .P. fünff auffsteigende punct / als .c. d. c. b. a. wie du zu
vnterst am grund .P. vnd bey .1.2.3.5. am auffzug sehen magst (ob
wol die fünff buchstaben zu den puncten am auffzug nit gesetzt worden) Nun mustu aber mit dem .c. vnten / vnd dem .a. oben / am B. auß
jedem abschnit des .R. nur eitel einzige punct erheben / aber mit .d.
c. b. am auffzug müssen bey jedem zwen punct erhoben werden / als
zwey .b. zwey .c. zwey .d. nach anzeigung des grundes .R. die magstu
so du wilt / nacheinander am auffzug zeichnen / als zu vnterst .c. vnd
auffwarts .d. c. b. a. vnnd dise fünff buchstaben müssen in allen ab-
schnitten des grundes .P. vnd am auffzug / auch in allen zirckeln des
grundes .R. biß inn spitz verstanden werden / ob mans wol nicht zu
allen setzt.

Im feld .6. ist angezeigt nach dem halben grund .P. ein geleinte
kugel / aber solches leinen will ich anders nit verstanden haben / dann
allein nach dem die Axlinie der beiden Poli vom Zenit vil oder wenig
geneigt wird / daß one das / ist in jrem leinen / ligen / vnd sehen kein vnterschied / vñ gleich / wie oben gemelt worden / das nit mehr dañ dreyerley gestalt der geraden linien / zu allerley Cörpern gebraucht werden
können / eben also / vnd gleich dem selben nach / mögen auch nit mehr
dann dreyerley art zirckelriß im Diameter an vnnd vmb ein kugel
gezogen werden / als Meridiani equinoctial / vnnd schlemlinie / nach
art des Zodiaci / jedoch allerley vnterschidlichen weiß / hoch vnd nider geneigt / vnd wenn du auß volgenden Exempeln / dise drey zirckelriß in grund legen vnd auffziehen begreiffen wirst / so hastu das gantze
wissen /

wissen/die kugel auff allerley art inn die Perspectief zubringen/wie
vngethan dieselbe doch von etlichen gehalten sein will/dann ausser diser dreyerley art/kein zirckelriß an ein kugel gelegt werden mag.

Nun ist dise kugel mit der linie .1. vnd .5. in mitte entzwey geschnit-
ten/vnd ist ir öber theil / nach der mittagslinie / vnnd das vnter theil
nach dem Equinoctial getheilt / vnd wenn du dise beide halbe gründ/
mit der linie zwischen dem vntern punct .a. vnnd dem obern .3. rechr
vnters Linial .B. legest / so wirds dich eigentlich leren / wie die punct
der zirckellinien / des obern theils / sich gar eben mit den puncten der
dreyer geraden Baralellinien des vntern theils vergleichen vnd eintreffen / vnd wie die krummen vnnd geraden linien/ des vntern vnnd
obern theils / je die einen auß den andern erwachsen / dann one das
were das vnter halbe theil gnug/den grund .R. vnd die auffsteigende
punct zur gantzen kugel darauß zunemen/derhalben inn ferner beschreibung diser geleinten kugel / des obern theils / noch desselben ziffern oder buchstaben/gar nit mehr gedacht werden sollen/sondern der
bericht warauß der grund .R. vnd die auffsteigende punct zur geleinten kugel zunemen sind/soll nur allein vom vntern theil / darinn das
.P. sihet/verstanden werden.

Vnd wenn du auch dise beide gründ .P. vnd .R. vnters Linial .B.
legest/das die ziffern vnd punct des .P. mit den ziffern vnnd puncten
des .R. gleich eintreffen / so sichstu wie vil sich die geraden Baralellinien .P. auff dem grund .R. in iren zirckeln/zwischen .1. vnd .5. von
wegen leinens/verkürtzen/vnd das dannoch die punct .2.3.4. neben
der geraden linie des grundes .R. zu beiden seiten inn völliger breite
bleiben/als die punct zwischen .1. vnd .5. 2. vnd .4. des grundes .P.
wie bey dem grund .R. des kegels .5. dergleichen auch zusehen.

Vnnd dieweil du jetzt auß disem grund .P. den halben grund .R.
vnd den halben auffzug genommen vnd außgezogen/vor augen zu sehen hast/so lege nun ein Papir vnter den grund .R. vnnd zeichne alle
pünctlein durch/als dann kere disen newen grund .R. nur vmb / vnd
lege die geraden linien gleich auffeinander/also das .5. auff .1. vnnd
.1. auff .5. vnnd der gröste zirckel auch eben auffeinander kombt / so
hastu auff disen zweien Papirlein den grund .R. zur gantzen kugel
volkommen/den magstu (so du wilt) auff ein Papirlein durchzeich-
nen/vnd einen gantzen grund darauß machen / vnnd also mögen fast
aller Corpora gründ / von einem halben volkommen vnnd gantz gemachet werden.

Vnd eben also lege nun auch ein Papirle vnter den auffzug / vnd
truck

trucke das mittel pünctlein .z. vnnd alle pünctlein darunter durch/
daß kere das Papirlein im puncten .z. nur vmb/ das alle dise pünctlein gleich also auch vbersich kommen/so hastu die auffsteigende pünct
des auffzugs zur gantzen kugel volkommen.

Nun hastu inn jeder geraden Paralellinie des grundes .P. fünff
auffsteigende punct / deren ich dir nur einen allein daselbst vnnd am
auffzug mit .1. 2. 3. 4. 5. bezeichnet hab/nach welchen du die einzigen
vnd zwifachen punct des grundes .R. erheben must/wie du dann bey
dem kegel .5. auch gelernet bist/dann nach den puncten .1. vnd .5. am
auffzug/werden nur eitel einzige punct aller zirckel der gantzen kugel
auß der geraden linie des grundes .R. erhoben/aber mit den pünctlein .2. 3. 4. des auffzugs /werden mit jedem auß allen zirckeln .R.
zwen gleiche punct erhoben/als zwey .4. zwey .3. vnd zwey .2. wie
du zu beiden seitten des grundes .R. zu sehen hast.

Vnd mercke aber nun hiebey das / dieweil inn den mühesammen
gründen/ da so gar vil linien vnnd puncten vbereinander fallen / als
sich dann sonderlich in geleinten kuglen/in durchbrochnen / außerhöb-
ten / zweien oder mehr durcheinander gestochnen Cörpern zutregt/
darinn dann leichtlich geirret werden kan/ demnach magstu dich/irr-
thumb zuuermeiden/ diser zweier wege gebrauchen / wie ich dich der
hiebey berichten will.

Nemlich / Erstlich magstu die linien vnd puncten solcher gründe/
(zweier/dreyer/oder mehr Corpora/in/oder vbereinander)mit vnterschiedlichen farben / als schwartz / rot/blo/oder grün / außeinander
sondern vnd kendtlich machen. Oder aber zum andern also/Mache
dir Papir .x. zwey / drey / oder so vil du der bedarffst / vnnd füge die
gantz gerecht auffeinander/also das die vierung .L. mit jren puncten
just zusammen treffen / dann hessie die mit negelein gegen der rechten
vnd lincken hand ein jedes nur mit einem ort auff die Tafel / das du
die so offt du wilt/vber die erste vierung .L. rucken / vnd widerumb dauon thun / vnd welches du wilt/mit seinem grund .S. eins vmbs ander brauchen kanst/wie ich dir der in Nᵒ 9. in ein kleinen muster / mit
.M. bezeichnet/viere auffeinander mit negelein angeheftet/ also fürgerissen hab / wie du sehen kanst / wann du die Figur nach der seitten
für nimbst/das das .M. gerecht für dich kombt / vnd diser weg dienet
dazu/das die gründe viler mühesammen Corpora inn vnd vber ein-
ander/mit jren puncten vnd linien / vnuerworren gantz lauter vnnd
sichtig bleiben können/Vnd gleich eben also magstu auch im auffzug/
wann so vil puncten zusammen treffen/zwey/drey/vnd mehr Papirlein dazu

lein dazu gebrauchen/ allein hab nur acht das ein jeder punct von der
linie .a. oberſich oder unterſich in ſeiner rechten höhe geſetzet werde.

Vnd durch diſes mittel mögen ungleubliche müheſamme Corpora und Kugel/ oder Sphera / als cœleſtis oder terreſtris, mit jren
Meridianus/ Paralelles/ und andern ſchlemriſſen/ nach art des Zodiaci/ auch Cancaua gar gering zuwegen/ und in die Perſpectief gebracht/ unnd auff ein jede pollus höhe/ oder wie man will/ gerichtet
werden/ alſo das eben ſo vil daran zu ſehen/ als vil an ſolchen Cörperlich/ in gleichmeſſiger gröſſe und Diſtants mit dem Aug begriffen
werden möcht.

Vnd wann einer alſo zum malen(oder von holtz einzulegen) auff
ein lang Papir/ als auff ein Simbs/ oder inn ein Friß 10. oder 20.
ſchuhe lang vielerley ding Perſpectiualiter legen/ leinen/ ſetzen/ oder
ſtürtzen wolt/ ſo kündte durch ſolch außwechslen der grunde .R. der
vierung .I. und des auffzugs .B. im fortrucken des Papirs/ tauſenterley/ neben/ hinter/ für/ vnnd auffeinander/ auß einerley vierungen
.I. und auß einem puncten .i. auffgezogen werden/ und offt mancherley (wie du vernommen) auß einem grund .S/ und alſo mag auch diſe
kugel/ oder anders dergleichen/ auß einem gantzen oder zweien halben gründen volkümlich auffgezogen/ und in die Perſpectief gebracht
werden.

Vnd ſo du aber den obern halben theil/ ober dem grund .P. diſer
jetztbeſchriebnen Kugel/ gantz macheſt/ ſo haſt du den grund .R. zur
gantzen auffrechten Kugel/ das die gerad unnd ungeleinet auff dem
Polo puncten .a. ſtehen wird/ unnd der halbe auffzug/ ſind im grund
.P. die vier punct .a. b. c. z. den ker nur mit ſeinen buchſtaben im .z.
umb/ ſo haſtu den gantzen auffzug volkommen/ als dann werden alle
punct des euſſern zirckels/ mit dem mitlern punct .z. am .B. nur einmal/ aber alle andere punct/ als .a. und beider zirckel .b. unnd .c. mit
jren buchſtaben/ nach anzeig des auffzugs/ zweimal erhoben.

Wiltus aber nach der ſeitten gelegt haben/ ſo mache den untern
halben theil(darinn das .P. ſtehet) gantz/ ſo haſtu den gantzen grund
.R. wiltu den auffzug dazu haben/ ſo lege diſen grund .R. unters Linial .B. alſo das .j. unten inn die linie .a. und dann .2. 3. 4. 5. auffwarts kommen/ unnd fare dann mit dem .B. fort/ unnd zeichne alle
Creutzpünetlein der dreyer abſchnit/ als .z. c. b. und .a. auffs .B. ſo
haſt du den auffzug volkommen/ Nun muſtu aber ſehen das du im
auffziehen nicht jrr werdeſt/ dieweil ſich die punct inn den geraden linien des grundes .R. mit jren zeichen/ mit den puncten des auffzugs
                                                        G   .B. alſo

.B. also schrencken vnd wechslen dann das pünctlein .3. im .R. wird
erhoben mit .1. vnd .5. am .B. vnd die .2. vnd .4. im .R. werden erhoben mit .2. am .B. dann .1. vnd .5. im .R. mit .3. am .B. vnnd die .2.
vnd .4. im .R. mit .4. am .B. vnd dergleichen handel mit allen pune-
ten der geraden linien .b. vnd .c. vnnd iren auffzügen/dann werden
die beide Poluspunct .a. im .R. mit .3. am .B. erhoben/so ligt die kugel recht an der seitten.

Wiltu dann auff ein jedes plettlein oder flechlein diser kugel (sie
lige oder steine) ein spitz setzen/wie hoch du dann die spitzen haben wilt/
in der selben grösse reise ein newe kugel/ gleich wie die vorige (doch also) das beide die Mittags/ vnnd Paralellinien / gleich mitten inn die
spacia der vorigen Mittags vnnd Paralellen gerichtet werden/ so
kombt dir gerad vber ein jedes flechlein der vorigen Kugel ein Creutz-
lein / dahin zeuhe dann die spitz derselben fleche / jedoch magstu eine
vmb die ander bloß lassen.

Zweierley Exempel zu bereitung der
gründe P. vnd R.

Nun

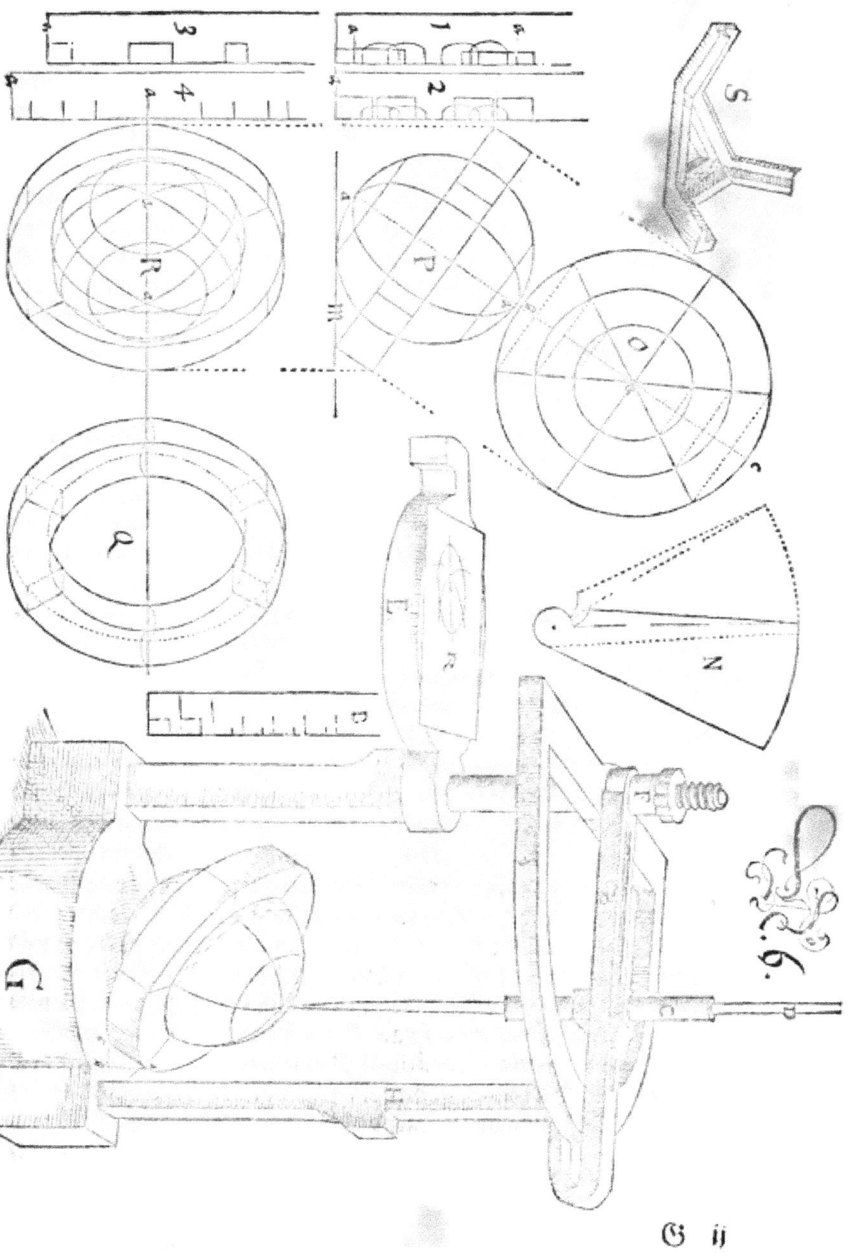

NVn volgt in Nᵒ. 6. ein ander Exempel vnd beschreibung einer Kugel / welche mit einem geuierten ring vmbfangen ist / der beider gründe mit .O. bezeichnet sind / vnd habe die darumb mit den Mittags linien nur in sechs theil getheilet / damit alle zirckel ires gantzen grundes .R. sampt dem ring lauter vnnd vnterschiedlich erkennt werden mögen / vnnd weil die geleinet werden soll / so muß der grund .P. darunter nach der seitten geruckt werden / vnd wann du dise beide gründe / nach der blindlinie / mit .a. vnd .c. recht vnters Linial .B. legest / so wirstu (wie alle puncten je die einen auß den andern eruolgen) keines weitern berichts bedürffen / Vnnd gleicher weiß werden dir auch alle puncten der beider gründe .P. vnd .R. zusamen treffen / wie weit die aber zu beiden seiten der geraden linie im .R. niderfallen / das magstu messen auß dem grund .O. oder .P. wie du oben auch gelernet bist / vnd ist der auffzug zur Kugel allein mit .1. vnd der auffzug zum Ring allein mit .2. bezeichnet / wiltu nun das die Kugel sampt dem Ring beim puncten .a. auffstehn soll / so halt den grund .O. für den grund .R. vnd der auffzug ist auß dem .P. mit .3. bezeichnet / soll aber die Kugel nach der seitten ligen auff dem Ring / beim puncten .b. so halt den grund .P. fürs .R. vnd ir auffzug ist auß dem .O. mit .4. bezeichnet.

Wer aber nun solche Kugel oder andere Corpora in grund zu legen den vnkosten nicht achten / vnd ein solch oder der gleichen Instrument (wie hie mit .G. bezeichnet) machen wölte / der möcht als dann gar leichtlich / vnd mit wenig mühe / von Kuglen oder andern natürlichen Cörpern / allerley gründe / durchsichtig vnnd gantz abtragen / Es soll aber diß Instrument / so groß du wilt / also gemacht sein / der bogen .A. muß Messing / von gleicher dicke / recht halb zirckelrund sein / vnd der Kloben .B. muß auch Messing / mit dem müterle .F. zimlich hart angeschraufft werden / also das diser Kloben mit seinem hacken / vnter dem bogen .A. etwas ein wenig streng / von einem ende zum andern / hin vnd her gerucket werden mag / in disem Kloben wird das hülßlein .C. mit dem stefft .D. auch etwas streng hinter sich vnd für sich gerucket / aber der stefft .D. muß im hülßlein .C. fein lind / allein auff vnd nider gerucket werden / also das von solchem auff vnnd nider rucken des stefffts / weder das .B. noch das .C. beweget werde.

Vnd so du nun von einer Kugel / oder einem andern Corpus (das abpunctirt ist) den halben grund .R. abtragen wilt / so mache solche Corpus im Instrument .G. ligend oder leinet fest / als dann heffte ein

Papirlein

Papirlein auff das hülzen deckelein/mit .E. bezeichnet / vnnd wann
da das/mit der spitz des stefft s/den puncten des Corpus gewiß hast/
so hebe den steffe obersich/vnd schlage das deckelein .E. bey dem pföst-
lein .H. an / vnnd trucke den punct ins Papir .R. wie du den mittlern
punct mit dem öbern zirckel auff dem deckelein .E. mit .R. bezeichnet/
vor augen sihest / vnnd also mögen auch zugleich die höhe aller auffsteigenden puncten / zum auffzug eines jeden Corpus/am stefft .D.
(nach dem der vil oder wenig herab gelassen wird)gantz eigentlich abgemessen werden.

Vnd wiewol die Kugel/mit sampt dem Ring/im Instrument .G.
angezeigt ist / so mustu doch ein jedes inn sonderheit versehen / dann
wenn du einen geleimten Ring/ Krantz/oder anders machen wilt / so
darffst du zu solchem grund .R. nicht mehr/ dann nur ein flache Superficie / mit verzeichung seiner puncten / wie hie die eussern beide zirckel zum Ring/ beim grund .O. welche Superficie sihet erstlich geleinet im Instrument .G. bey dem puncten .c. auff/ vnnd wann du die
also abtragen hast / so rucke die fort biß zum puncten .b. vnnd erhebe
die biß zum .a. vnnd trage die wider ab / so hastu den grund .R. zum
Ring/mit .Q. bezeichnet / volkommen / doch muß zu mühesammen
dingen/welche zwischen dem .a. vnd .c. vil auffsteigende punct oder
theil haben / eben wargenommen werden / das das fortrucken der
Superficien vom .c. gegen .b. vnd das erheben vom .b. gegen .a. jedes nach seiner maß/geschehe.

Von bereitung der gründe .P. vnd .R.
vnd jren Cörpern.

G iij Vnd

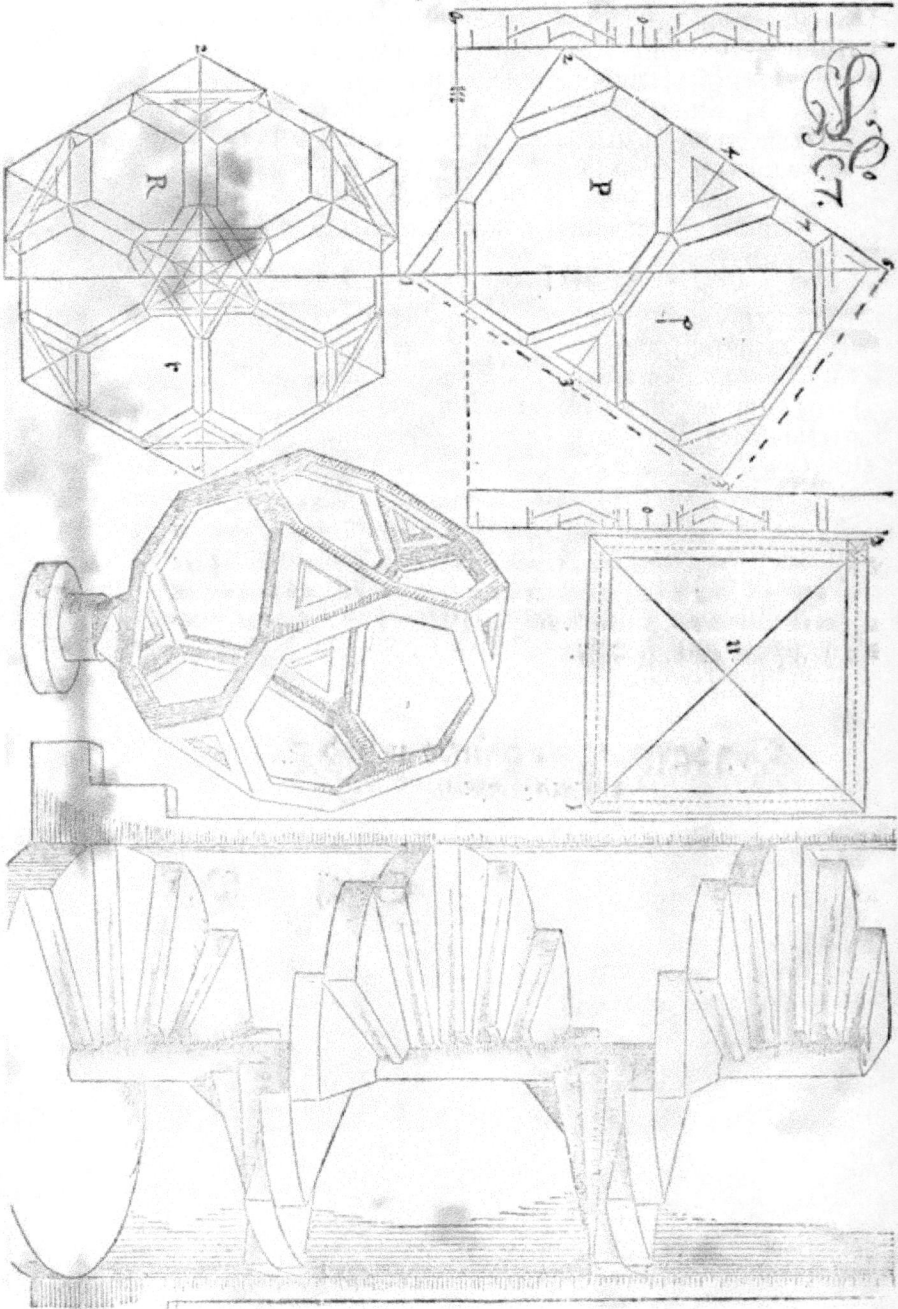

Nd damit du aber sehen magst/das allerley ding/ auch zu mühesammen durchgeschnittenen Cörpern/allein von blossen rissen gemessen/vnd inn grund geleget werden mögen/ so hab ich inn N° 7. ein durchbrochnen Cubus (von dem die acht eck abgeschnitten) mit aller notdürfftigen zugehörung fürgerissen/vnd inn die Perspectief gebracht.

Erstlich / reisse ich für mich nach der grösse (als ich den Cubus haben will) ein vierung oder flecke desselben/ mit .n. bezeichnet / vnd nach diser vierung lege ich den Cubus auff der scherpffe in grund / so gibt er die vierung.P. zwischen den puncten .1.2/ 3.4/ 5.6/ in der lenge / wie zwischen .1. vnnd .2. des .n. dann schneide ich den dritten theil (oder so vil ich will) einer jeden scherpffe/ mit dem spitz des Cubus herab / vnnd verzeichne den einschnitt des .P. (nach der breite des innern riß im .n.) mit .7. auß welchem ferner die breite vnd verjüngung aller siebe des Corpus eruolgen muß / als dann lege ich in die dicke zu mit dem mitlern blindriß des .n. vnnd lege den inn grund .P. wie den ersten / so kompt als dann im durchschnitt kein breite einiges stabs der beider gründe.P. p. die nicht auß dem winckel .2. des .n. gezogen vñ abgemessen werden kan/ Dergleichen wird auch kein punct des .P. p. gefunden/der nicht vntersich in den grund .R. r. respondirt vnnd zusaget / als dann mach ein jeden grund .R. r. für sich selbs gantz / vnd füge die mit dem Centro vnnd den ortrissen / wie du sehen magst/gerecht auffeinander./ vnd rucke die inn der vierung .a. wie du wilt/dann bringe die beide/ ein jeden für sich selb/ sonderlich auff ein vierung .l. in den grund .S. die du vmb einander wechslen kanst/ wie du oben vernommen/vnd bey .M. in N° 9. zu sehen hast.

Zu gleicher weiß findestu auch auff beiden seitten/ beider gründe P. p. auffsteigenden puncten (auß den selben gezogen) bey welchen mercke/das solche vnd der gleichen auffzüg / nicht in der linie .a. sondern im Centro zusammen sagen müssen / Dann wann du ein klein Corpus inn ein grosses (oder eins das mit seinen spitzen durch das Planum eines andern grössern oder kleinern herauß stechen söll) machen wilt/ so müssen allein die Centra derselben beiden Corpora/ in den auffzügen .B. so wol als im .R. zusammen treffen/welche hie am auffzug mit .o. bezeichnet sind/vnd sind die puncten/so zun innern vnd eussern Drianglen gehören weniger jrrthumbs halber/ besonder mit

mit linien zusammen gezogen / Vnnd dieweil du aber nun durchs Linial .B. aller auffsteigenden puncten höhe / in den auffzügen / vnd aller puncten leger / nach der breite / inn den gründen .R. r. one mangel
finden vnd gewiß werden kanst / so hab ich / als vnnötig / allerley weit-
leußftigkeit viler buchstaben vnnd ziffern / dabey vmbgehen vnnd vermeiden wöllen.

Vnd wiewol du nun auß disen fürgefalnen Exempeln bißhero
gesehen / wie allerley Corpora / durchsichtig vnnd gantz / allein auß
blossen zirckelrissen vnd Geometrischem messen / in die gründe .P. vnd
.R. vnd darauß in die Perspectief gebracht werden mögen / vnd das
man die nit zuuor Cörperlich haben muß / so wird dannoch nicht vn-
dienstlich sein / wenn man nicht mehr dann nur ein eck von eim solchen
Corpus / vnd wie das durchbrochen vnd außgeschnitten sein söll / von
Holtz oder von eim Kartenpapir ongefehrlich ein wenig zusammen
füget / wie du in Nᵒ 6. bey .S. zusehen hast / dabey man sich im auffziehen nur ein wenig erinnern kan / was puncten sich eines jeden ecks
verbergen oder gesehen werden.

Vnnd wer sich nun also / allerley Corpora mit blossen rissen inn
grund zulegen / gewehnen wolte / der möchte (damit der Angel nicht
besser würde dann der Visch) allerley natürliche Corpora / sampt
dem dazu gehörigen Instrument zu machen / vil vnkostens ersparen /
dann von was Cörpern oder Kuglen man die gründe abtragen will /
die müssen zuuor an jn selbs just vnd gantz gerecht sein / damit durch
die abschnitt vnnd abpunctirn derselben / die gründe gewiß kommen
mögen / welche aber one sondern grossen fleiß / auch mit geringem kosten nicht zu machen sind.

Ferner hastu hieneben fürgerissen ein Schnecken / vber welchem
sich jr etliche sehr winden / der doch / vor vielen andern dingen / gar
leichtlich auß seinem grund erhoben vnnd auffgezogen werden kan /
welches grund / wann du den inn 12. theil theilest / vnnd die Staffel
oder Tritt in grund legest / wie ich dir derselben zwen oben im Nᵒ 6.
mit .N. bezeichnet auffeinanderligend / fürgerissen hab / vnnd damit
du sehen magst / wie vil ein jeder Tritt auffligens haben söll / so hab
ich den vntern mit blindrißlein / vnnd den obern mit gantzen linien gerissen / so sichstu auch bey den gestückelten linien / welche vom vödder-
sten eck eines jeden tritts / gerad auffs zentrim gezogen / wie vil ein je-

der tritt

der tritt gegen der Spindel vnterschnitten ist/wie du dann solches
vnterschneiden am auffzug/gleich darunter/mit .B. bezeichnet/auch
zu sehen hast/da ich dir sechs tritt auffeinander mit langen/vnnd den
vnterschnitt mit kurtzen rißlein verzeichnet hab/dann mustu allweg
einer jeden staffel oberstes/vnnd der drauffligenden vnterstes leger/
mit einem punct des auffzugs erheben/vnnd wenn nun dein Aug on-
gefch: .2. schuhe der Distants/ vnnd acht zol vber disen Schnecken/
vnnd dem Corpus daneben/erhoben wird/so wird es dir erscheinen
wie es söll/Vnd der gleichen Schnecken gründe/sampt dem auffzug/
hastu auch oben in N°. 2. mit .B. vnd .R. signirt/doch sind die Staffel daselbst nicht vnterschnitten.

Von bereitung der Gründe/zu vol-
ziehung der Gebew.

H   Vnd da-

Nd damit dir lieber Leser an ein Exempel
nit mangle/ wie bequemlich diser weg der Perspectief/
auch zur Architectur geb: aucht werden mag/so hab ich
im Nᵒ 8. ein Gartengebewlein auffs schlechtest für-
geriffen/hinzu setzen wöllen/ Vnnd wann du nun ein
Gebew inn die Perspectief bringen wilt/ so leg es erstlich nach seiner
leng vnd breite in den grund .R. nider/wie du hie den halben grund dises Gebews/sampt Tisch vnd Bencken/Seulen/Bögen/ vnd auch
die Stiegen (wenger dreyer Staffel / so noch bey .3. da zwischen gehören) mit .A. bezeichnet/vor augen sihest/den grund zum Keller/mit
den lehnen vnd zweyen stafflen/ hab ich mit blindrißlein verzeichnet
doch ist allein diser grund des eingangs halber vmbkeret/ Vnnd zum
bogen sind die vntern punct mit kurtzen/vnd die obern mit langen rißlein angezeigt/Wann nun dise gründe gantz gemacht sind/so magstu
die auff den Estrich der vierung .a. legen/ vnd nach dem du das Gebew beschawen/die selben rucken wie du wilt.

Dann wiewol in vilen Büchern von diser kunst geschrieben/das
wenigste der gebew gefunden/die von der vödersten linie des Estrichs
verrucket sind/sondern das dieselben mehrertheils/etwas an den seitten daran zusehen/ mit dem verrucken des principal puncten dazu
genötiget werden/ die vrsach aber das ich mich dessen masse/vnnd
etwas an den seitten der Gebew zusehen/ die gründe der selben nur
herumb rucke/vnnd also gerad für augen stelle/hastu oben vernommen / doch magstu dich nach deinem verstand / diser oder der andern
meinung gebrauchen.

Auch hastu hieneben die auffsteigende höhe aller puncten des
auffzugs zum Gebew/mit Steben vnnd Fasen/ auch wie vil je einer
für den andern fürtritt/ mit .B. bezeichnet/ vnnd mercke das/wann
nur allein am auffzug .B. die Stebe vnnd Fasen fleissig bezeichnet
sind/das es als dann gar nit von nöten thut/alle linien der Gesimbs
in grund zulegen/ welches dann vil mehr irrthumbs dann richtigkeit
geben würde/ Sondern wann du nur allein die fürnembsten linien
im grund .R. hast/wie du hie mit ziffern bezeichnet sihest/ so mag als
dann im auffziehen/inn den ortlinien/ gar leichtlich (wie vil ein jeder
Stab für den andern herauß oder hinein tritt) gefunden/ vnnd im
grund .S. abpunctirt werden/ vnnd durch solch versetzen der puncten
im grund .S/ vnd verenderung hoch vnd nider setzen der puncten am
auffzug/mögen zu den Gebewen/die fünff Seulen gar gering vnnd
leichtlich auß einem grund/derselben auffgezogen werden/ dabey du
zusehen vnd abzunemen hast/wie sehr gering die gründe der Gebew/

vor vilen andern dingen/zubereitten sind/Der auffzug zu den Lenen/
Bencken vnd dem Tisch/ist mit .C. zum bogen mit .D. zur Stiegen
mit .E. vnd zum Keller mit .F. alles vnterschiedlich verzeichnet/die
Distants ist zwen schuhe vier zol.

Vnd dieweil dann in den verruckten Gebewen/ so wol als in an-
dern/die linien der Simbsen gegen der rechten vnd lincken hand/nahe
oder fern im Horizont als im accidental punct/gewiß zusamen lauf-
fen/vnd dann der principal punct .i. an kein gewisse stell gebunden/so
ist sehr bequem/wann sölch zusamen lauffen der Gesimbslinien/in disen punct .i. oder der punct .i. in sölch zusamen lauffen gerichtet wird/
also das nicht allein auß disem punct die Gebew erhoben / sondern
auch zugleich die linien der Gesimbs zun Pasamenten vnnd Capi-
thelen/der selben darauß gezogen werden mögen/Ehe aber der punct
.i. auß seiner bequemligkeit gar zu nahe oder fern gerucket werden
sölt / so ist besser das du ein besonder Linial im Horizont auffheffteft/
die Gesimbs darnach zureisen / vnnd wenn vil gleichligender linien
solcher Gesimbs / inn den gründen der Gebew oder andern Cörpern
fürfallen/als in Nᵒ 4. mit dem Ring .6. vnd .7. vnnd dergleichen/
der zusamen lauffen in ein accidental puncten/offtmals fern im Horizont geschicht/also das kein Linial dieselben erreichen mag/so henge
mit der Saiten das gewichtlein des Instruments .D. daselbsten an/
wann du als dann solcher linien nur die vördersten puncten gesetzet
hast / so kanstu dann nach dem Linial diser Saiten / mit den andern
nicht fehlen/vnd wann auch solche linien recht vnd gewiß abgeschnitten werden sölten / so müste man solcher Linial .D. zwey haben / die
sich Perspectiuisch Creutzweiß gegen einander hielten.

Vnd wiewol dise kunst jren dienst fürnemlich mit den Gebewen
erzeigen kan / so acht ich doch du werdest dich dieselben inwendig oder
außwendig/auff allerley art zumachen / nach deinem gefallen / auß
disem Exempel genugsam zuberichten wissen/Vnd dieweil dann auch
allerley gründe / zu mancherley schönen vnnd zierlichen Gebewen/
nach art obbeschriebner zweyer gründe .P. vnd .R. so von vilen ver-
stendigen vnd berümbten leuten solcher kunst außgangen/nach disem
weg (in massen wie die sein)auffs aller bequembste gebraucht / vnd in
die Perspectief gezogen werden mögen/derhalben ich vnkosten/mühe
vnd weitleufftigkeit / als vnnötig/mit den selben nicht habe verlieren
wöllen.

Von bereitung der Gründe/ vnd mancherley
verwechslung der selben.

Noch

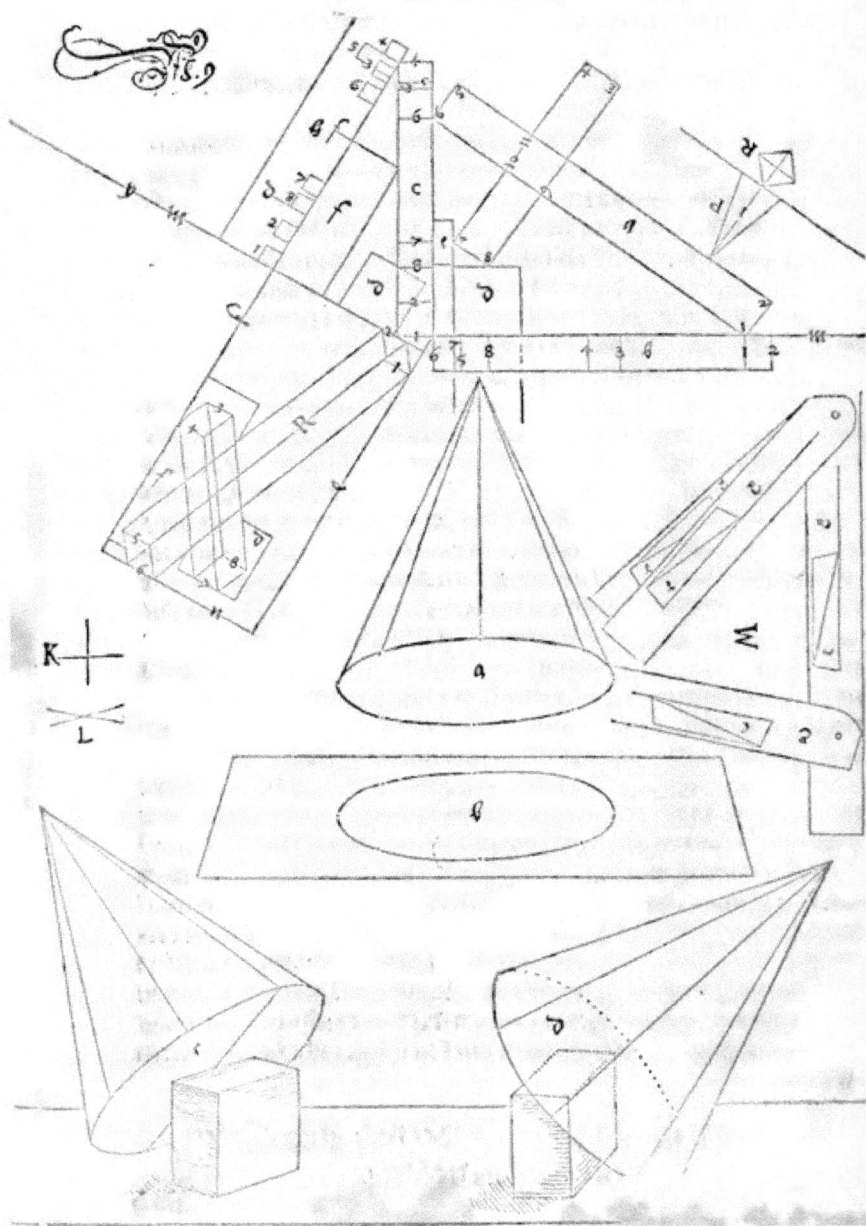

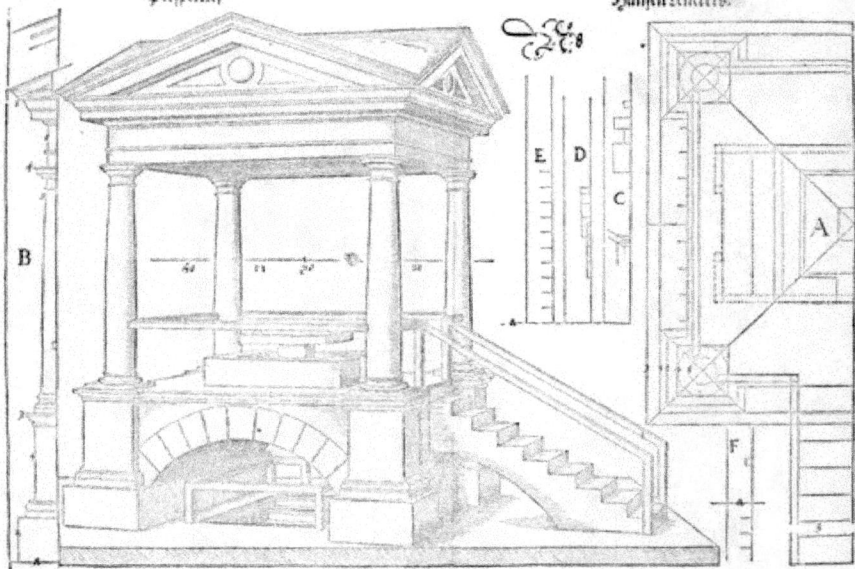

Perspectief   Hansen Leuckers.

B

E   D   C   A

F

H ii

Och zu einem Exempel/ wie auch buchstaben vnd allerley flache/durchbrochne/vnnd außkerbte ding zumachen sind/hab ich in Nᵒ 9. anzeigt mit dem Creutz signirt mit .a. dabey du zusehen / wie leichtlich die gründe .P.R. vnnd der auffzug .B. mancherley solcher ding/mit einander gewechselt/dadurch die Corpora vilfeltig verwandelt werden mögen / Dann wilt du das diß Creutz /nach dem grund .P. auff der linie 1.2. auffrecht stehen söll/ so ist sein grund .R. zwischen .8. 7/ 4.3/ vnnd sein auffzug ist .1. 9. 10. 6/ wiltus aber nach dem .P. auff der linie .5. 6. gestürtzt haben/so ist sein grund .R. auch der vorige / vnnd sein auffzug ist .6. 10. 9. 1/ wiltu aber das es gantz eben auff ein Estrich oder Stein auffligen söll/so ist sein gantze breite der grund .R. vnd sein auffzug ist .1. 2/ wiltu aber das es nach dem grund .P. auff .3.4. stehen soll / so muß es mit dem kegelein .1. vntersetzt werden/vnd ist sein grund .R. zwischen .1.2/ 5. 6. vnd sein auffzug ist/ .4. 11. 10. 7. vnd des Kegeleins höhe ist .11/ wiltu aber das diß Creutz auff dem Stein .d. leinen/vnd mit .1. vnnd .8. auffligen söll / so ist sein grund .R. das .b. (den Stein .d. magstu lang oder kurtz dadurch ziehen) vnd sein auffzug ist das .c/ wiltu aber das es auff .6. vnd mit .7. auff dem Steinle .c. auffstehen söll / so ist sein grund .R. das .c. vnd sein auffzug das .b.

Wiltu aber das es mit dem punct .8. auff dem Stein .d. stehen/ vnd hinter sich an dem Stein .f. leinen söll/ so vnterzeuhe den grund .c. (darinn das gantze Creutz steckt) mit einer schlimmen Erdlinie .y. .m. dann zeuhe nach dem Linial .B. gantz Winckelrecht/wie du sihest zwo linie /eine vom eussern punct des obern .4. die ist .k. vnd eine vom eussersten punct des vntern .1. die ist .l. Dann miß die leng des grundes .b. von .2. biß .6. vnd nach diser leng schneide die zwo linien .k. l. mit der zwerchlinie .n. von der Erdlinie .y. ab / vnnd so nun dise zwo linien .k. l. recht vnter dem .B. ligen/also das die linie .y. creutzweiß kombt / so rucke dann von der linie .k. gegen der linie .l. so wird dirs Linial .B. eigentlich zeigen / als erstlich das / wie weit ein jeder punct des grundes .c. vom .k. gegem .l. nach der breite inn disem feld ligen soll /wie weit er aber nach der leng/von der linie .n. gegen der linie .y. ligt / das kanstu eigentlich messen von der linie .6. gegen der linie .2. des grundes .b. vnd wenn du disen grund .b. aussen an die linie .k. setzest/so hastu desto gewissern bericht / Also hastu nun den grund .R.

J   dises

dises geleinten Creutz / mit beiden Steinen .f. d. darunter/der auff=
zug des Creutz vnd beider Stein/ist bezeichnet mit .h.

Merck auch das/wenn die Basis vnd abschnitt .a. b. c. d. diser
Figur / mit ligenden vnd geleinten dingen (waserley die sind) vnter
vnd vber dem Horizont/recht mit einander verglichen/ vnd der selben
Corpora verkürtzung/ im ligen vnnd leinen/ eben war genommen
wird/so mögen auch mühesame ding/ auß ebnen gründen/hoch vnnd
nider geleinet werden/ Dann mercke das/wie breit ein jede vierung .l.
vnter dem Horizont erscheint/eben solcher breite erscheint sie auch inn
gleicher höhe vnd ferne/darüber/ vnd zur seiten darneben/tc.

Von vmbkerten Gründen vnd der
selben gebrauch.

Demnach

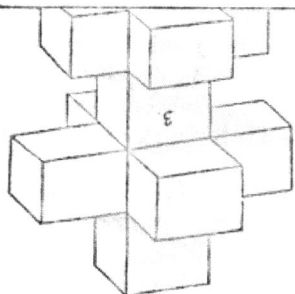

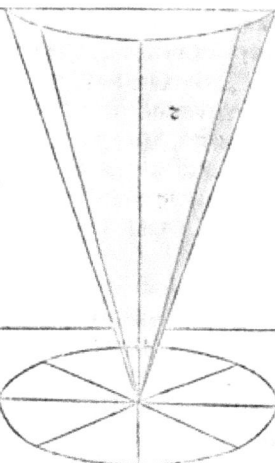

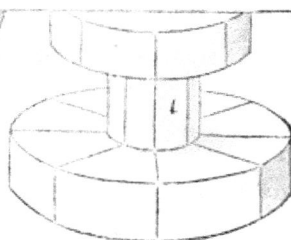

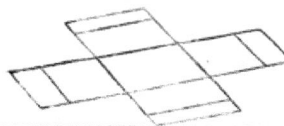

Emnach wil ich noch eins das seh: bequem/
vnnd auffer difes wegs mühefam zu weg gebracht werden mag/hinan hengen/vnd damit befchlieffen / Wann
du etwas machen vnd in die Perfpectief bringen wilt/
das feh: hoch ob dem Horizont / als hangend/oder auff
einem Simbs/etiwann 6. oder 8. fchuhe hoch / gefehen werden föll/
vnd aber weder das Jnftrument .B. noch die Tafel .A. nach voriger
befchreibung/zu folchem gebzaucht werden mögen/fo bereite die gründe nach höhe des Augs vnd des Horizonts/ vnnd nach ferne der Di-
ftants / wie du oben bey der Figur N° z. berichtet bift / vnd bring inn
die felben / was du alfo hoch gefehen haben wilt / Dann heffte folche
gründe mit dem Papir .x. auff die Tafel .A. vnd nim ein gefchmeidig
Linial .C. das 8. oder 10. fchuhe lang ift / vnnd heffte das aufferhalb
der Tafel.A. im Horizont in puncten .i. auff/ als dann verzeichne die
Erdlinie .a. am Linial .B. oben fo hoch/das die ding fo du machen
wilt/nach jren gründen .P. zwifchen der vierung .I. vnnd der linie .a.
auffm .B. rhaum haben mögen / vnd kere dann aller ding gründe .P.
omb / alfo das all ir vnterfte puncten auffm .B. oben ins .a. kommen / vnnd von dannen an abwarts fteigen/ dann magftu die vnter-
ften oder die öberften puncten zum erften erheben/welches dann durchauß gleich gilt.

Wiltu nun das es hengen föll/ fo darffftu die Bafen mit der vierung .I. nit verdecken/wiltus aber als auff einem Simbs gefetzet ha-
ben/fo magftu die Bafen derfelben ding/mit der vierung .I. gar oder
zum theil bedecken/wie du dann deffen hie in der Figur N°. 10. bey .1.
2. 3. dreyerley Exempel zufehen haft / vnnd wann du nun ein folch
ding vmbkereft/das fo hoch vnd vil vber den Horizont erhebeft / fo vil
es darunter gemacht worden / fo wird es nach feiner maß vnnd Di-
ftants recht erfcheinen.

Vnd hiemit haftu nun/günftiger lieber Lefer/wie allerley ding inn die Perfpectief zu bringen fein/dieweil aber die
weg(wie die felben ferner nach eines jeden gefallen/vnnd irer rechten
art/ auff groffe vnnd kleine werck gezogen/vnnd durch die gitterlinie
vnd andere weg/ vergröft vnnd verjüngt werden mögen)one zweiffel
einem jeden der fich jemals etwas vmb dife kunft angenommen / feh:
wol bekandt/ derhalben ich vil vmbftend vnd befchreibung hieuon zumachen habe vnterlaffen wöllen/ Wils demnach alfo auff diß mal
bey

bey dem wenden laffen/vnd wann ich fihe vnd fpüre/das dir lieb vnd
gefallen hiemit gefchehen ift/so söll mich nicht beuylen/dir noch etwas von den mühefammen/kützlichen/gewundenen (als Seulen/
vnd andern geregulirten vnnd vngeregulirten dingen/fampt der felben gründe) hinnach zu fchicken/vnnd mit was vortheilen diefelben
zum theil auff zweierley vnd dreyerley art in grund zulegen fein/wel-
che bey etlichen/durch die gemeine Praxen/in Perfpectief zu bringen/
für vnmüglich gehalten werden/wills dieweil denen beuelhen/fo das
vnd merers wiffen/aber die deffen oder eines merern hierauß erin-
nert werden möchten. Mit bitt/du wölleft freundlicher lieber Lefer/
mit difem kleinen Wercklein (welches ich dir/Inn feinem geringen
werd/fürwar guter meinung/alfo dargegeben hab) verlieb nemen/
das felbige/zu beförderung difer fchönen vnnd lieblichen kunft/alfo
üben/vnnd was mangelt erfetzen/auff das durch rechten brauch der
felben/viler kunftliebenden gemüter beluftiget/vnd zu irem benügen damit gefettiget werden mögen/rc. Der gütige
Herr Gott verleihe/das wir alle feine gaben zu
feiner heiligen ehre/vnd zu nutz des nech-
ften wol gebrauchen/rc. Geben zu
Nürmberg den 14. No-
uembris im Jar
1571.

FINIS.